室内色彩搭配手册

配色方案及灵感来源

理想·宅 编著

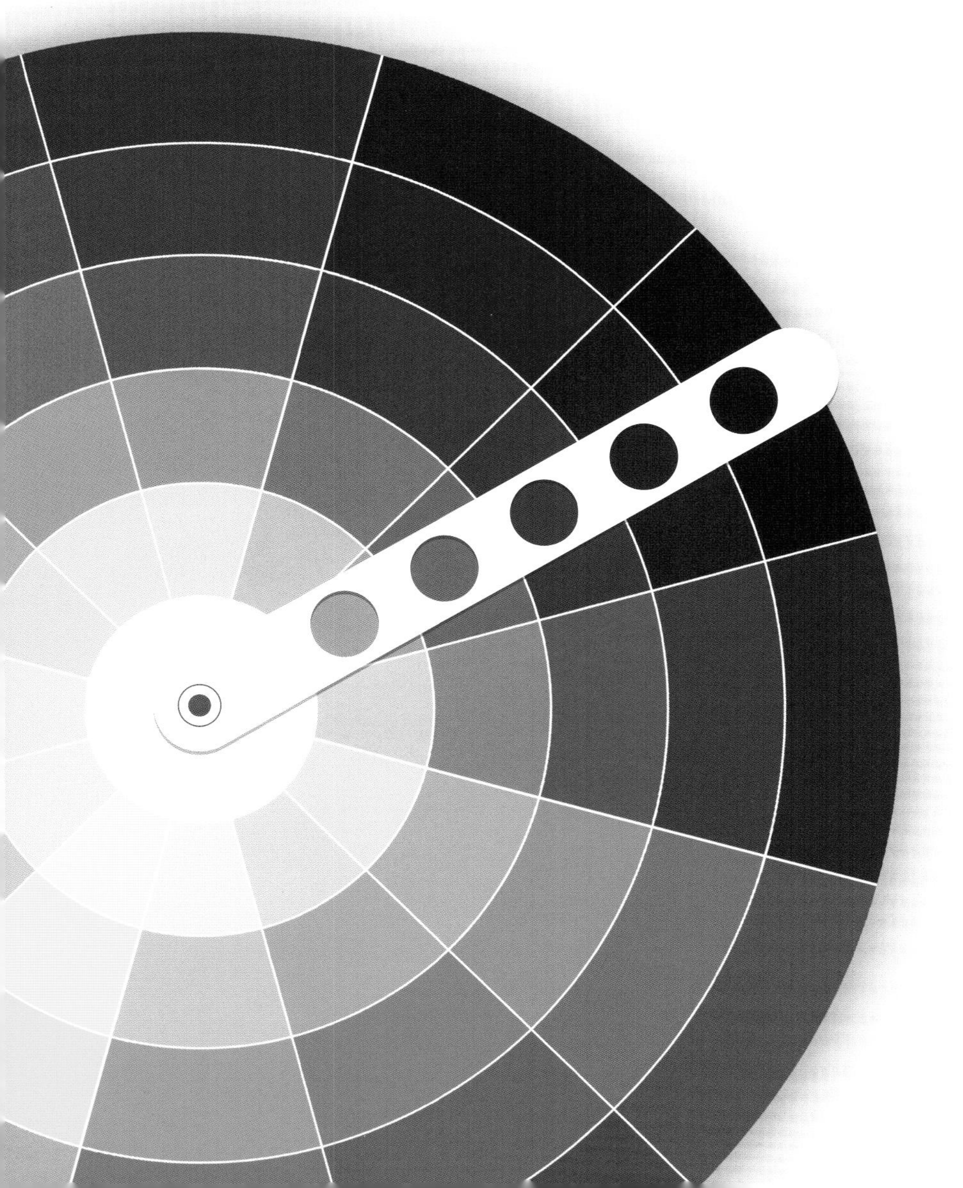

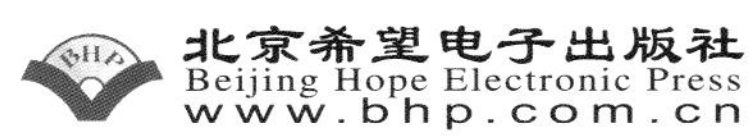

内 容 简 介

本书内容主要包括色彩基本理论、色彩搭配技法和色相对空间情感意向的营造。本书不拘泥于教科书式的色彩基础与配色理论的讲解，从自然、生活、艺术等方面寻找色彩灵感，探究配色方案以及适用情境，通过大量的色彩搭配案例，提升读者的色彩素养与配色能力。同时，通过提供丰富的流行配色参考与直接可以套用的配色比例，为读者打开一条快速通往色彩世界的道路。

本书可作为室内设计师了解国际潮流色彩搭配的参考指导书。

图书在版编目（CIP）数据

室内色彩搭配手册：配色方案及灵感来源 / 理想・宅编著 . -- 北京：北京希望电子出版社，2020.4

ISBN 978-7-83002-722-3

Ⅰ . ①室… Ⅱ . ①理… Ⅲ . ①室内色彩—室内装饰设计—手册Ⅳ . ① TU238.23-62

中国版本图书馆 CIP 数据核字 (2020) 第 054022 号

出版：北京希望电子出版社

地址：北京市海淀区中关村大街 22 号中科大厦 A 座 10 层

邮编：100190

网址：www.bhp.com.cn

电话：010-82620818（总机）转发行部

010-82626237（邮购）

传真：010-62543892

经销：各地新华书店

封面：骁毅文化

编辑：金美娜

校对：周卓琳

开本：889mm × 1194mm 1/16

印张：19.5

字数：493 千字

印刷：东莞市虎门佳彩印务有限公司

版次：2020 年 4 月 1 版 1 次印刷

定价：298.00 元

前言

世间色彩包罗万象：自然界中动物的保护色、色泽诱人的美食、时尚 T 台上翩跹而起的裙角……这些色彩为我们无意识或有意识地建构出一个色彩斑斓的世界。色彩不是单一的存在，组合和搭配出的色彩通过明暗与色调的变化带来了关于美感的更多可能性。七色的彩虹，随着波涛起伏变换着蓝色的大海，秋日里红、黄、绿交织的叶片……驻足之处、目之所及都是色彩带来的惊艳世界。

每个人都有喜爱的色彩或钟爱的配色组合，这些带有专属印记的个人审美，最终会成为对生活方式的一种表达，成为家居世界里的投影。有人用蓝色的空间表达冷静；有人用白色铺满空间，只为留住一份纯洁；有人偏好暖阳带来的温馨，因此让黄色跳动在抱枕、边几以及不经意出现的花瓶之上。这些色彩带有的抽象情感，不仅美化了空间，也营造出不同的空间氛围。

我们了解到，色彩来源无所不在，色彩承载着人们的情感，通过色彩组合可以打造专属空间环境。捕捉具有美感的色彩搭配，探究配色方案以及适用情境是一件令人沉迷的事情。因此，本书整合了日常、自然、艺术等方面的优秀配色方案，并精选出当下流行的 42 种色彩，如淡山茱萸粉、珊瑚橙、婴儿蓝等，匹配丰富的室内设计案例以及配色比例，为读者提供了多途径的配色灵感，轻松打开配色设计的思路。同时，我们在书中还设置了索引目录，方便使用者根据倾向的空间氛围，直接对标匹配的色彩案例，实用性较强。

我们的编写团队收集、整理了大量色彩配色方案，精心制作了本书，力求给读者奉上一席完美的色彩盛宴。书中难免会有顾及不周之处，烦请读者朋友体谅、指正。

编者

目录

第一章 色彩基本理论 P001

第三章 色相对空间情感意向的营造 P019

第一章

色彩基本理论

一、色彩的构成与分类

色彩是通过眼睛、大脑结合生活经验所产生的一种对光的视觉效应。如果没有光线，我们就无法在黑暗中看到任何物体的形状与色彩。色彩是与人的感觉和知觉联系在一起的，因此，我们所看到的色彩并不是物体本身的色彩，而是人对物体反射的光通过色彩的形式进行感知的结果。

1. 有彩色与无彩色

丰富多样的色彩按照系别可以分为两大类，即有彩色系和无彩色系。

有彩色系：包括在可见光谱中的全部色彩，红、橙、黄、绿、紫等为其基本色。基本色之间不同量的混合、基本色与无彩色之间不同量的混合所产生的色彩均属于有彩色系。有彩色系是除了黑、白、灰之外的其他颜色。

无彩色系：由白色渐变到浅灰、中灰、深灰直至黑色，这种有规律的变化，色彩学上也称为黑白系列。无彩色系包括黑、白、灰。

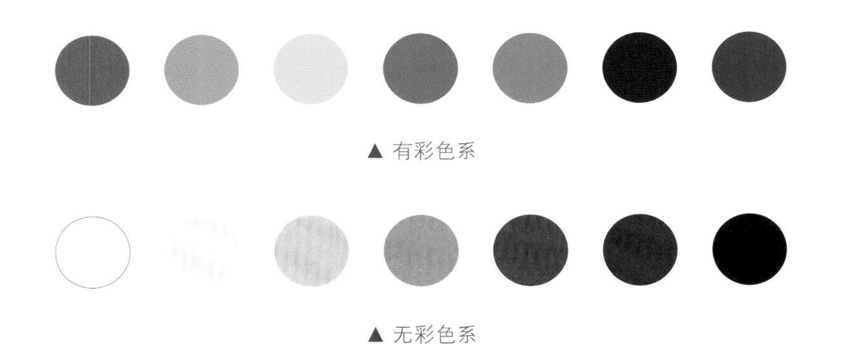

▲ 有彩色系

▲ 无彩色系

2. 冷色系、暖色系和中性色系

根据色彩波长给人们带来的视觉感受，还可以将色彩分为冷色系、暖色系和中性色系。

暖色系：给人温暖感觉的颜色，称为暖色系。红紫、红、红橙、橙、黄橙、黄、黄绿等都是暖色，暖色给人柔和、柔软的感受。

居室中若大面积地使用高纯度的暖色，容易使人感觉刺激，可调和使用。

▲ 暖色系

在居室中，不建议将大面积的暗沉冷色放在顶面和墙面上，容易使人感觉压抑。

冷色系：给人清凉感觉的颜色，称为冷色系。蓝绿、蓝、蓝紫等都是冷色系，冷色给人坚实、强硬的感受。

▲ 冷色系

绿色在家居空间中作为主色时，能够塑造出惬意、舒适的自然感，紫色高雅且具有女性特点。

中性色系：紫色和绿色没有明确的冷暖偏向，称为中性色，是冷色和暖色之间的过渡色。另外，无彩色以及金色、银色、棕色也属于中性色的范畴。

▲ 中性色系

3. 原色、间色和复色

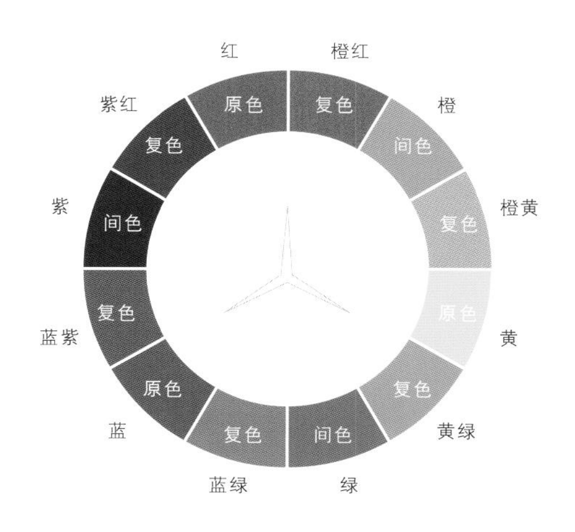

▲从 12 色相环看原色、间色、复色

色彩按照种类来划分，包括原色、间色和复色，通常可以根据色相环来更好地进行区分。

原色：指不能通过其他色彩的混合调配而得出的基本色，将原色按不同的比例混合，则能够产生其他的新色彩。通常所说的三原色为红、黄、蓝。

间色：又叫二次色，由红、黄、蓝三色中的任意两种原色相互混合而成。通常所说的三间色为橙、绿、紫。

复色：又叫三次色，由三种原色调配或间色与间色调配而成，形成接近黑色的效果。复色的纯度低、种类繁多、千变万化，但多数较暗灰，容易显脏。

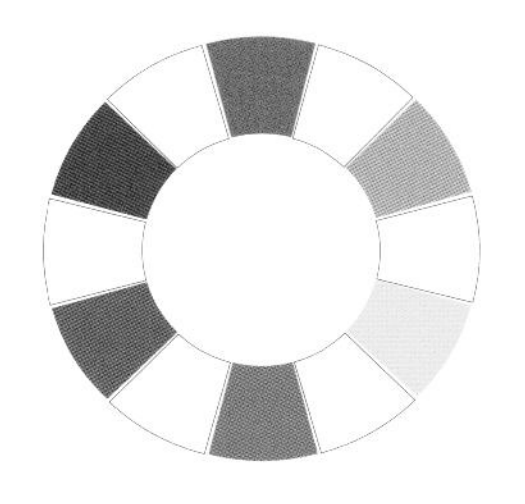

红、黄、蓝是 12 色相环的基础色，即三原色

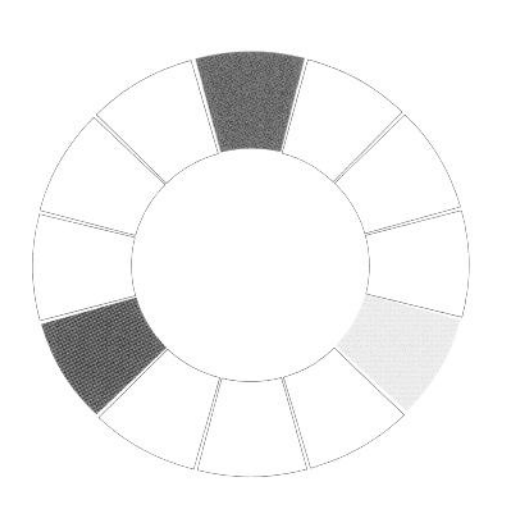

把三原色等量混合，得到二次色，即三间色

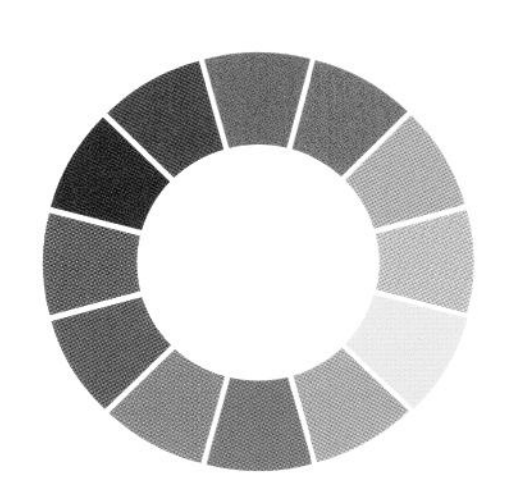

填满 12 色相环，只需继续等量混合相近两色即可，得到三次色，即复色

二、色彩三属性

色彩属性是指色彩的色相、明度和纯度，色彩是通过这三种属性被准确地描述出来而被人们感知的。进行家居配色时，遵循色彩的基本原理，使配色效果符合规律才能够打动人心，而调整色彩的任何一种属性，整体配色效果都会发生改变。

1. 色相

色相是指色彩所呈现出来的相貌，是区别各种不同色彩最准确的标准。除了黑、白、灰，所有色彩都有色相属性，都是由原色、间色和复色构成。即便是同一类颜色，也能分为几种色相，如黄色可以分为中黄、土黄、柠檬黄等，灰色则可以分为蓝灰、紫灰等。

2. 明度

明度是指色彩的明暗程度。同一色相会因为明暗不同产生不同变化，明度越高的色彩越明亮，反之则越暗淡；白色是明度最高的色彩，黑色是明度最低的色彩；纯色加入白色明度会增加，加入黑色明度会降低。

3. 纯度

纯度即色彩的鲜艳度，也称饱和度或彩度、鲜度。原色纯度最高，无彩色纯度最低；纯色无论加入白色还是黑色调和，纯度都会降低。

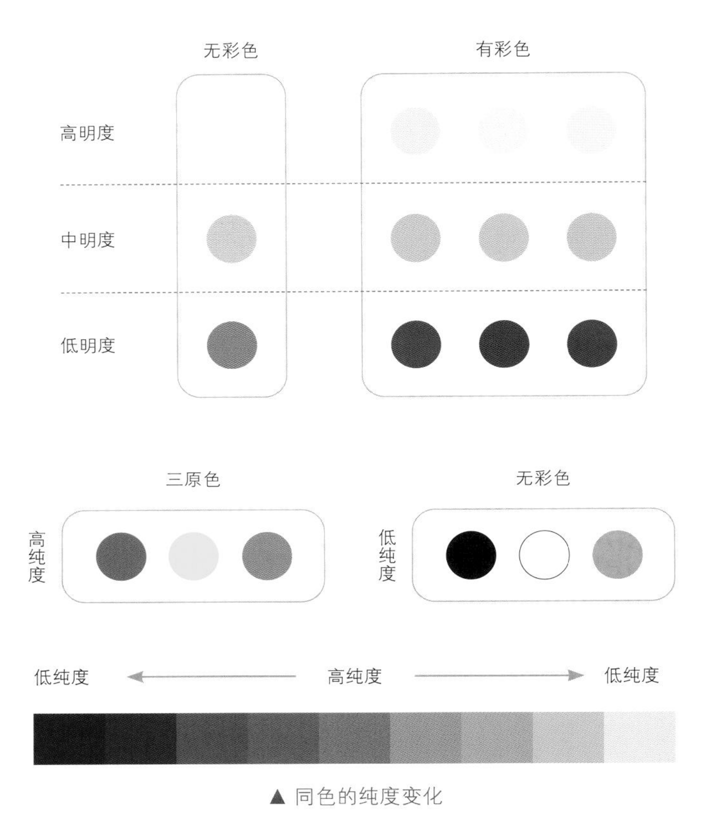

▲ 同色的纯度变化

三、色彩的四种角色

家居空间中的色彩，既体现在墙、地、顶，也体现在门窗、家具上，同时，窗帘、饰品等软装的色彩也不容忽视。事实上，这些色彩扮演着不同的角色。在家居配色中，了解色彩的角色，合理区分，是成功配色的基础之一。

1. 背景色

占据空间中最大比例的色彩（占比60%），通常为家居中的墙面、地面、顶面、门窗、地毯等大面积色彩，是决定空间整体配色印象的重要角色。一般会采用比较柔和的淡雅色调，给人舒适感；若追求活跃感或华丽感，则使用浓郁的背景色。

2. 主角色

居室主体色彩（占比20%），包括大件家具、装饰织物等构成视觉中心的物体色彩，是配色中心。主角色不是绝对性的，不同空间主角色有所不同，如客厅的主角色是沙发，餐厅的主角色可以是餐桌，也可以是餐椅，而卧室的主角色绝对是睡床。

3. 配角色

常陪衬主角色（占比10%），视觉重要性和面积次于主角色。通常为小家具，如边几、床头柜等的色彩，使主角色更突出。若配角色与主角色呈现出对比，则显得主角色更为鲜明、突出；若与主角色临近，则会显得松弛。

4. 点缀色

居室中最易变化的小面积色彩（占比10%），如工艺品、靠枕、装饰画等。点缀色通常选择与所依靠的主体具有对比感的色彩，来制造生动的视觉效果。若主体氛围足够活跃，为追求稳定感，点缀色也可与主体颜色相近。

四、色相型配色

配色设计时，通常会采用两到三种色彩进行搭配，这种使用色相的组合方式称为色相型。色相型不同，塑造的效果也不同，总体可分为开放和闭锁两种感觉。闭锁类的色相型用在家居配色中能够塑造出平和的氛围；而开放型的色相型，色彩数量越多，塑造的氛围越自由、活泼。

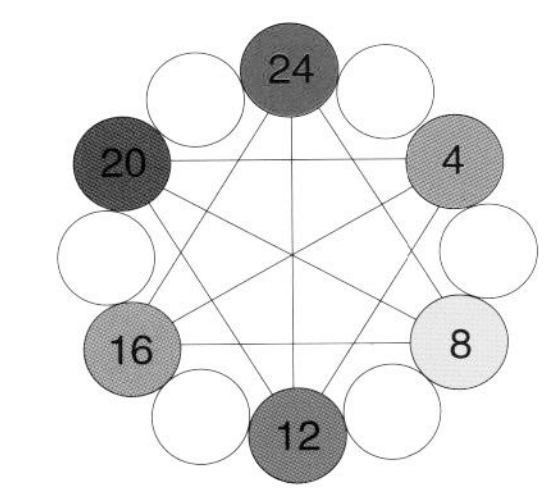

以图中 24# 红色为例，加入黑色或白色，改变其色彩的明度、纯度，出现的色彩均为其同相型配色

1. 同相型

同一色相中，在不同明度及纯度范围内变化的色彩为同相型，如深蓝、湖蓝、天蓝，都属于蓝色系，只是明度、纯度不同。同相型属于闭锁型配色，效果内敛、稳定，适合喜欢沉稳、低调感的人群。配色时，主角色和配角色可采用低明度的同相型，给人力量感。

红色常见的同相型配色

品　红　洋　红　宝石红　玫瑰红　贝壳粉

山茶红　玫瑰粉　浓　粉　紫红色　珊瑚粉

橙色常见的同相型配色

橙　色　柿子色　橘黄色　太阳橙　蜂蜜色

杏黄色　伪装沙　浅茶色　椰棕色　浅土色

绿色常见的同相型配色

黄绿色　苹果绿　嫩　绿　叶绿色　草绿色

孔雀绿　橄榄绿　常青藤　钴　绿　翡翠绿

蓝色常见的同相型配色

浅天蓝　水　蓝　蔚　蓝　天　蓝　淡　蓝

浅　蓝　青　蓝　蓝绿色　翠　蓝　孔雀蓝

黄色常见的同相型配色

金盏花　铬　黄　茉　莉　淡黄色　香槟黄

月亮黄　鲜黄色　含羞草　黄土色　芥　子

紫色常见的同相型配色

紫　藤　淡紫色　铁线莲　丁　香　薰衣草

紫水晶　紫　色　香水草　紫罗兰　三色堇

2. 同类型

色相环上临近的色相互为同类型，与其成 90° 角以内的色相均为同类型。如以天蓝色为基色，黄绿色和蓝紫色右侧的色相均为其同类型色彩。同类型属于闭锁型配色，比同相型的层次感更明显。若配角色与背景色为类似型配色，则给人平和、舒缓的整体感。

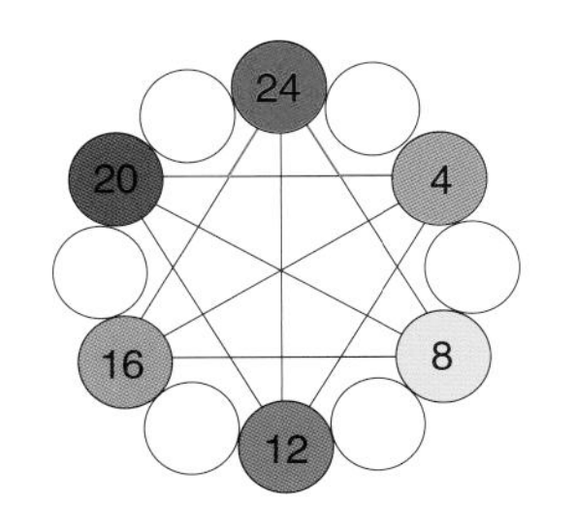

以图中 24# 红色为例，与之邻近的 4# 橙色、20# 紫色均为其同类型配色

常见的同类型配色

3. 互补型

以一个颜色为基色，与其成 180° 角的直线上的色相为其互补色，如黄色和紫色、蓝色和橙色、红色和绿色。互补型属于开放型配色，可令家居环境显得华丽、紧凑、开放，适合追求时尚、新奇事物的人群。配色时，若背景色明度略低，可用少量互补色作点缀，能够增添空间活力。

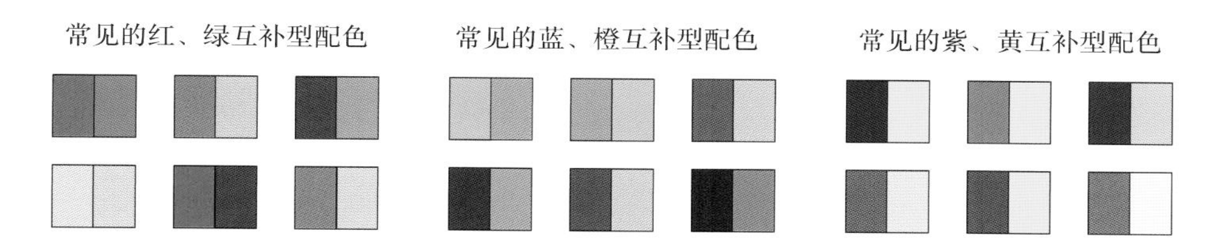

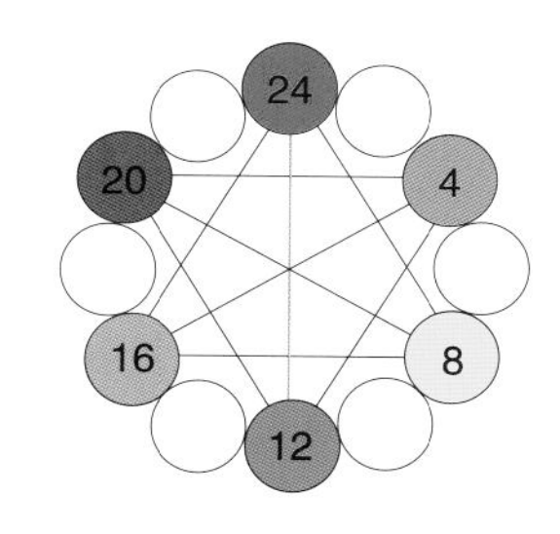

以图中 24# 红色为例，与之相对的 12# 绿色为其互补型配色

4. 冲突型

色相冷暖相反，将一个色相作基色，与其成 120° 角的色相为其对比色，该色左右位置上的色相也可视为基色的对比色，如黄色和红色可视为蓝色的对比色。冲突型属于开放型配色，具有强烈视觉冲击力，活泼、华丽。若降低色相明度及纯度进行组合，刺激感会有所降低。

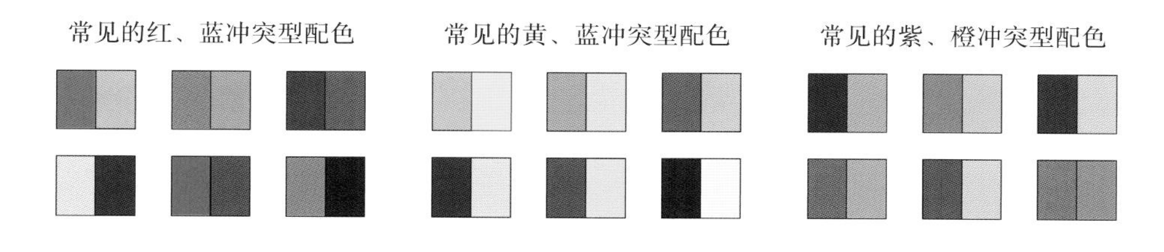

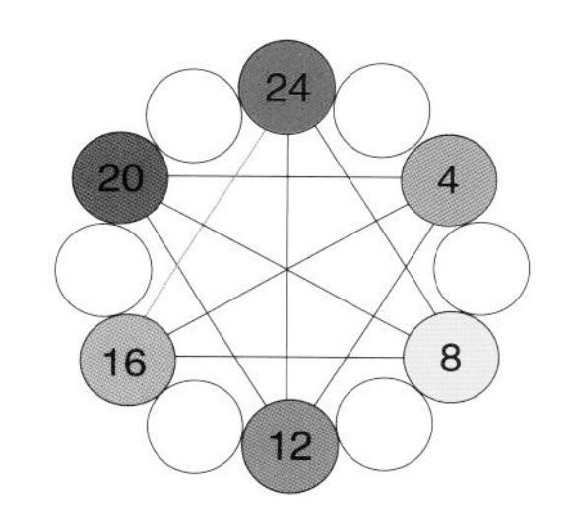

以图中 24# 红色为例，与之相对的 16# 蓝色为其冲突型配色

5. 三角型

色相环上位于正三角形位置上的色彩搭配，最具代表性的是三原色组合，具有强烈的动感，三间色组合则温和一些。三角型配色最具平衡感，具有舒畅、锐利又亲切的效果。若采用一种纯色 + 两种明度或纯度有变化的色彩搭配，可以降低配色的刺激感。

常见的纯色三角型搭配

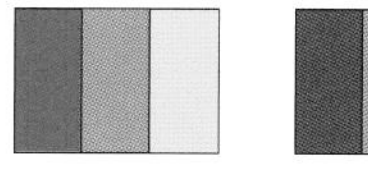

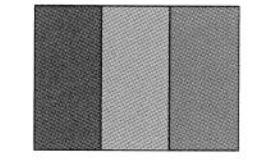

常见的混合色三角型搭配

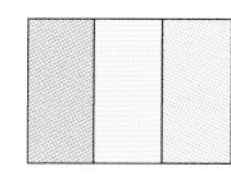

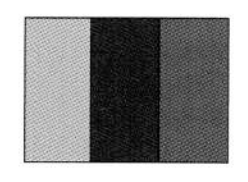

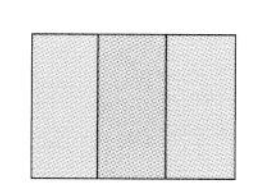

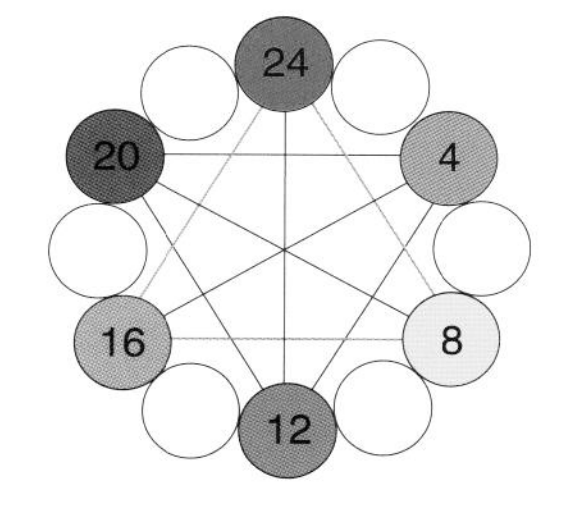

以图中 24# 红色为基准，与之形成正三角型的 16# 蓝色、8# 黄色组成三角型配色

6. 四角型

将两组同类型或互补型配色进行搭配，属于开放型配色，营造醒目、安定、有紧凑感的家居环境，比三角型配色更开放、更活跃。若采用软装点缀或本身包含四角型配色的软装，则更易获得舒适的视觉效果。

常见的四角型搭配

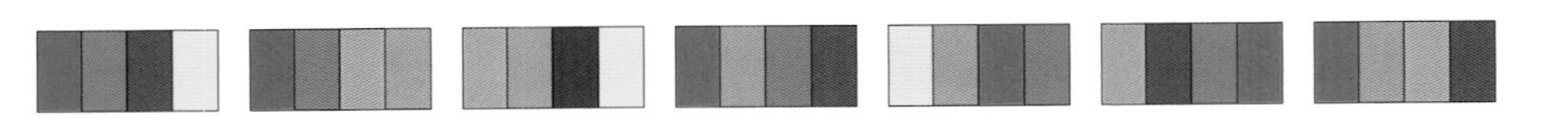

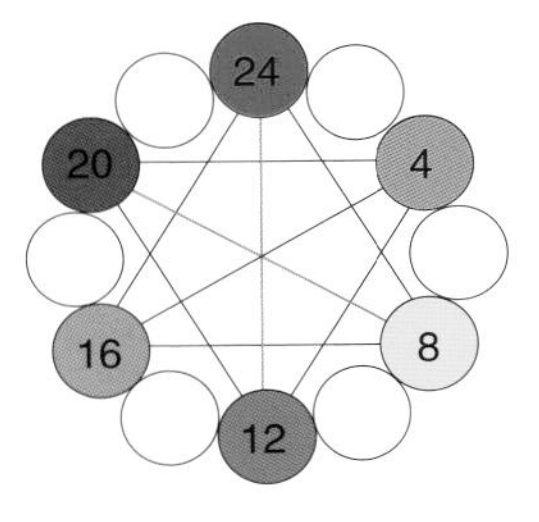

图中 24#、12#，20#、8# 为两组互补型组成的四角型配色

7. 全相型

无偏颇地使用全部色相进行搭配的类型，通常使用的色彩数量有五种或六种，属于开放型配色，最为开放、华丽。配色时需注意平衡，若冷色或暖色中的其中一类色彩选取过多，则容易变成互补型或同类型。

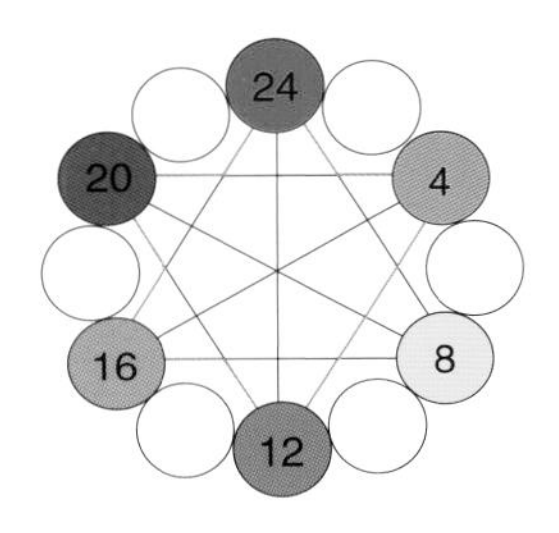

图中 24#、4#、12#、16#、20# 为五相型配色

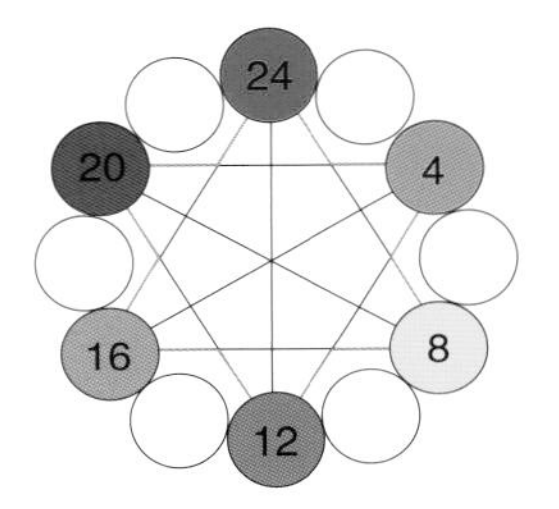

图中 24#、4#、8#、12#、16#、20# 为六相型配色

五、色调型配色

色调是色彩外观的基本倾向，指色彩的浓淡、强弱程度，在明度、纯度、色相这三个要素中，某种因素起主导作用，就称之为某种色调。色调型主导配色的情感意义在于一个家居空间中即使采用了多个色相，只要色调一致，也会使人感觉稳定、协调。

1. 纯色调

不掺杂任何黑、白、灰色，是最纯粹的色调，也是淡色调、明色调和暗色调的衍生基础。由于这种色彩没有混入其他颜色，因此具有刺激感，在家居中大面积使用时要注意搭配。

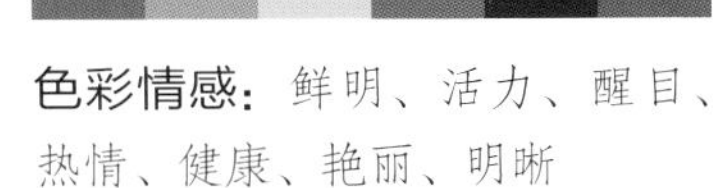

色彩情感：鲜明、活力、醒目、热情、健康、艳丽、明晰

2. 明色调

纯色调加入少量白色形成的色调，完全不含有灰色和黑色。家居配色时，可增加明度相近的对比色，营造活泼而不刺激的空间感受。

色彩情感：天真、单纯、快乐、舒适、纯净、年轻、开朗

3. 淡色调

纯色调中加入大量白色形成的色调，且没有加入黑色和灰色，将纯色的鲜艳感大幅度减低。家居配色时，应避免运用大量淡色调而致使空间寡淡，可用少量明色调作点缀，或利用主角色来形成空间焦点。

色彩情感：纤细、柔软、婴儿、纯真、温顺、清淡

4. 浓色调

在纯色中加入少量黑色形成的色调。在家居配色时，为减轻浓色调的沉重感，可用大面积白色融合，增强明快感觉。

色彩情感：高级、成熟、浓厚、充实、华丽、丰富

5. 暗色调

纯色加入大量黑色形成的色调，融合了纯色调的健康和黑色的内敛，在所有色调中最威严、厚重。在主角色为暗色调的空间，加入少量明色调作点缀色，可中和暗沉感。

色彩情感：坚实、成熟、安稳、传统、执着、古旧、结实

6. 微浊色调

纯色加入少量灰色形成的色调，兼具纯色调的健康和灰色的稳定，比纯色调的刺激感有所降低。若作为主角色，可搭配明浊色调的配角色，塑造素雅、温和的色彩印象。

色彩情感：雅致、温和、朦胧、高雅、温柔、和蔼

7. 暗浊色调

纯色加入深灰色形成的色调，兼具暗色的厚重感和浊色的稳定感。家居配色时，可用适量明色调作点缀色的方式，避免暗浊色调的空间暗沉感。

色彩情感：沉稳、厚重、自然、朴素

8. 明浊色调

在淡色调中加入一些明度高的灰色，形成明浊色调，适合高品位、有内涵的空间。家居配色时，可利用少量微浊色调进行搭配，丰富空间的层次，且显得稳重。

色彩情感：成熟、朴素、优雅、高档、安静、稳重

第二章

色彩搭配技法

一、调和配色法

1. 面积调和

面积调和与色彩三属性无关，而是通过将色彩面积增大或减小来达到调和目的，使空间配色更加美观、协调。在具体设计时，色彩面积比例尽量避免 1:1，最好保持在 5:3~3:1。如果是三种颜色，可以采用 5:3:2 的方式。但这不是一个硬性规定，需要根据具体对象来调整空间色彩分配。

1:1 的面积配色稳定，但缺乏变化

减小黑色的面积，配色效果具有了动感

加入灰色作为调剂，配色更加具有层次感

2. 重复调和

在进行空间色彩设计时，若一种色彩仅小面积出现，与空间其他色彩没有呼应，则空间配色会缺乏整体感。这时不妨将这一色彩分布到空间中的其他位置，如家具、布艺等，形成共鸣重合的效果，进而促进整体空间的融合感。

单独一个座椅形成强调配色

鲜艳的蓝色作为主角色单独出现，是配色的主角，虽然突出，但显得孤立，缺乏整体感

在点缀色中增加了不同明度的蓝色作为主角色蓝色的呼应，既保留了主角色的突出地位，又增加了整体的融合

同色调的座椅和装饰画形成重复配色

3. 秩序调和

秩序调和可以是通过改变同一色相的色调形成的渐变色组合，也可以是一种色彩到另一种色彩的渐变，例如红渐变到蓝，中间经过黄色、绿色等。这种色彩调和方式，可以使原本强烈对比、刺激的色彩关系变得和谐、有秩序。

同一色相的渐变

从一种色彩到另一种色彩的渐变

4. 同一调和

同一调和包括同色相调和、同明度调和以及同纯度调和。其中，同色相调和即在色相环中60° 角之内的色彩调和，由于其色相差别不大，因此非常协调。同明度调和是使被选定的色彩各色明度相同，便可达到含蓄、丰富和高雅的色彩调和效果。同纯度调和是被选定色彩的各饱和度相同，基调一致，容易达成统一的配色印象。

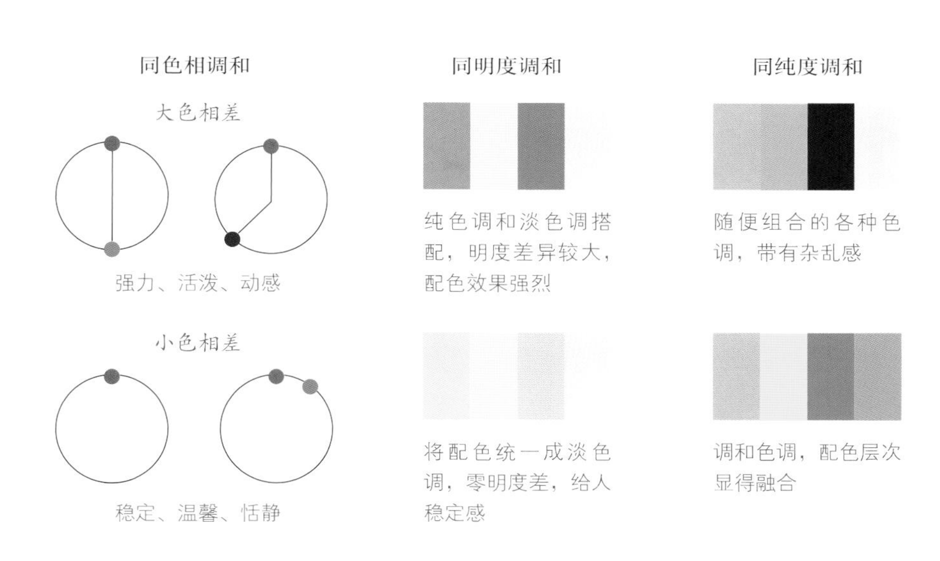

5. 互混调和

在空间设计时，往往会出现两种色彩不能进行很好融合的现象，这时可以尝试运用互混调和。例如，选择一种或两种颜色的类似色，形成三种或四种色彩，利用类似色进行过渡，可以形成协调的色彩印象。添加的同类色非常适合作为辅助色，作为铺垫。

将蓝色和红色互混得到玫红色，融合了蓝色的纯净以及红色的热情，丰富配色层次，同时弱化了蓝色和红色的强烈对立性

6. 群化调和

群化调和指的是将相邻色面进行共通化，即将色相、明度、色调等赋予共通性。具体操作时可将色彩三属性中的一部分进行靠拢而得到统一感。在配色设计时，一方面，只要群化一个群组，就会与其他色面形成对比；另一方面，同组内的色彩因同一而产生融合。群化使强调与融合同时发生，相互共存，形成独特的平衡，使配色兼具丰富感与协调感。

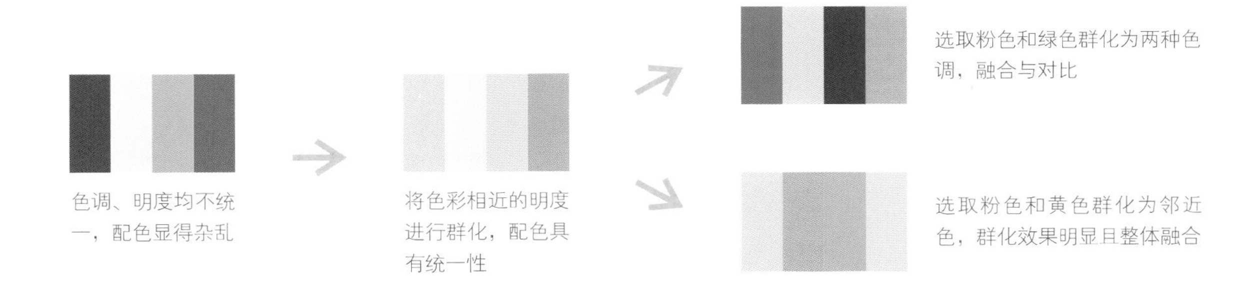

二、对比配色法

1. 有彩色与无彩色对比

有彩色和无色彩结合的方式，在家居配色中十分常见。若黑色为主色搭配有彩色，空间氛围往往具有艺术化特征；白色为主色搭配有彩色，空间的视觉焦点以有彩色来实现；灰色为主色搭配有彩色，空间氛围高级、精致。若以有彩色为主色，无彩色作为调剂使用时，空间氛围则往往具有鲜明的特征与个性。

▲ 黑色主色 + 有彩色

▲ 白色主色 + 有彩色

▲ 有彩色主色 + 白色

▲ 灰色主色 + 有彩色

2. 冷色与暖色对比

冷色和暖色看似互不相让、水火不容，但实际上这两类色彩组合在一起，既能丰富空间配色层次，又能使空间变得灵动而有活力。但在具体设计时，并非所有的冷色和暖色都可以随意进行搭配，需要遵循一定的配色规则。例如，同一居室内不得超过 3 种冷暖色对比，否则会显得杂乱。

▲ 冷色（蓝）+ 暖色（橙）

3. 两种色调对比

在家居空间中，即使运用多个色相进行色彩设计，若色调一样也会令人感觉单调，单一色调极大限制了配色的丰富性，不妨尝试利用多色调的搭配方式。两种色调搭配可以发挥出各自的优势，消除掉彼此的缺点，使室内配色显得更加和谐。

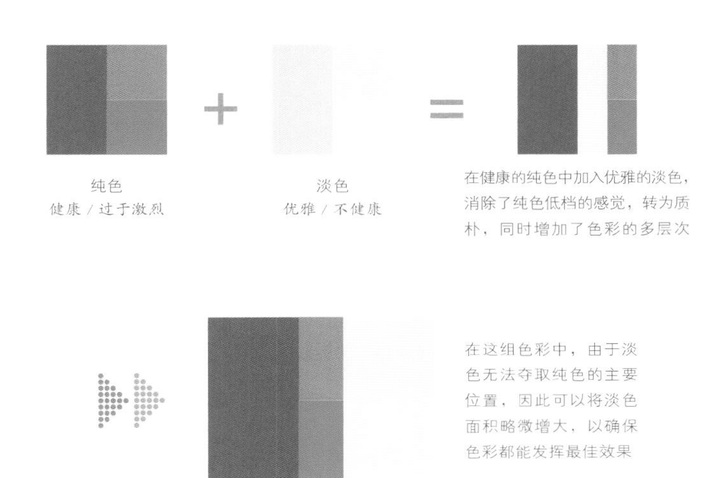

▲ 案例中运用了大量的蓝色，但在色调上进行区分，以纯色调为主，装饰画中运用浊色调进行调剂，使配色层次更加丰富

4. 三种色调对比

三种色调的搭配方法可以表现出更加微妙和复杂的感觉，令空间的色彩搭配具有多样的层次感，形成开放型的空间配色。

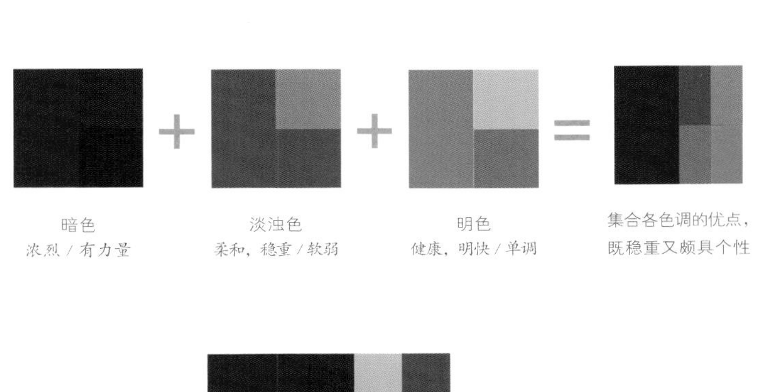

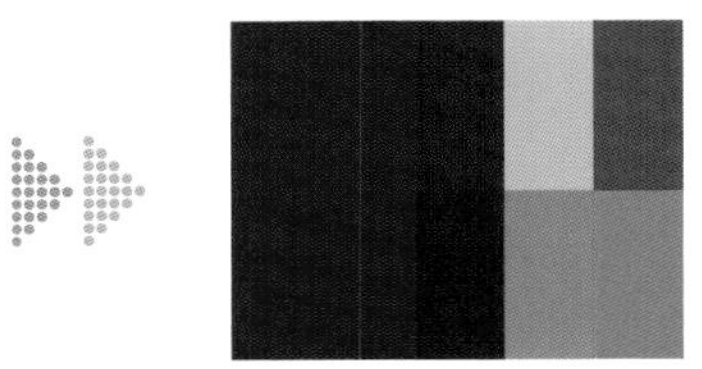

多色调可以含有各种各样的层次感，设计者的主动权很大

▲ 背景色为淡色调蓝色，主角色为微浊色调蓝色，配角色为浓色调棕色，三种色调搭配的方式令空间配色协调中有变化、有重点

三、突出主角配色法

1. 提高纯度

在空间配色中，要想使主角色变得明确，提高纯度是最有效果的方法。当空间中的主角色变得鲜艳，自然拥有强势的视觉效果。

✕ 低纯度的沙发，与墙面色差较小，效果内敛但过于平淡

✓ 沙发纯度提高后，与墙面色差增大，不再显得平淡

同背景色，提高主角色明度的配色区别

当主角色的纯度较低，与背景色差距小时，效果内敛而缺乏稳定感

提高主角色的纯度后，整体主次层次更分明，具有朝气

2. 加强明度差

拉开空间中主角色与背景色之间的明度差，也能够起到凸显主角色主体地位的作用。此种方式也适合于灰色和黑色或灰色和白色的组合，由于无色系中只有灰色具有明度的属性，所以在它与白色或黑色组合中显得不突出时，可以调节其明度。

✕ 主角色与背景色同为白色，虽然整体感强，但不够突出

✓ 主角色改为黑色后，与背景色明度差加大，更突出

同背景色，拉开明度差的配色区别

黄色和橙色为近似色，两者同为纯色的情况下，明度差小，效果稳定

黄色和蓝色为对比色，两者同为纯色的情况下，明度差大，效果活泼

3. 抑制背景色和配角色

不改变主角色而改变配角色或背景色来凸显主角色的主体地位，这种方式就是抑制背景色或抑制配角色。前者适用于空间中的易改变背景色，如窗帘、地毯等软装特别抢眼的情况。如果是墙面等固定界面的背景色过于突出，直接调整主角色会更方便。

✕ 座椅的色彩明度和纯度均较高，抢了作为主角色沙发的绝对视线

✓ 将座椅色彩调整为与沙发色彩明度相近，使沙发区成为空间中的绝对焦点

抑制背景色

背景色的纯度比主角色更高，比较抢眼

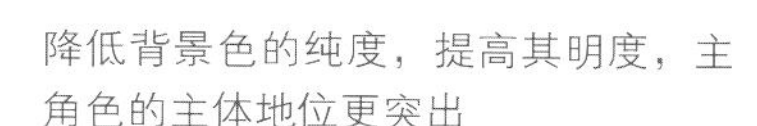

降低背景色的纯度，提高其明度，主角色的主体地位更突出

抑制配角色

配角色的面积大且纯度高，比主角色更突出

将配角色的纯度降低后，主角色变得更突出

4. 增加点缀色

若不想对空间做大改变，可以为空间软装增加一些点缀色来明确其主体地位。这种方式对空间面积没有要求，大空间和小空间均适用，是最经济、迅速的一种改变方式。例如，客厅中的沙发颜色较朴素，与其他配色相比不够突出，则可以摆放几个彩色靠垫，通过增加点缀色来达到突出主角色地位的目的。

✕ 浅灰色沙发上的点缀色均为无色系，人们的视线会被蓝色座椅和台灯过分吸引

✓ 抱枕色彩与装饰画中的部分色彩形成呼应，沙发区的主体地位更突出

点缀色数量引起的色彩区别

主角色与背景色的明度接近，点缀色为白色和绿色，主角色的主体地位不突出

在点缀色中增加了绿色的对比色，使色彩数量增加，主角色就变得比较突出

第三章

色相对空间情感意向的营造

一、红色

红色是三原色之一，和绿色是对比色，补色是青色。红色象征活力、健康、热情、朝气、欢乐，使用红色能给人一种迫近感，使人体温升高，引发兴奋、激动的情绪。

在室内设计中，大面积使用纯正的红色容易使人产生急躁、不安的情绪。因此在配色时，纯正红色可作为重点色少量使用，会使空间显得富有创意；而将降低明度和纯度的深红、暗红等作为背景色或主色使用，能够使空间具有优雅感和古典感。

另外，红色特别适合用在客厅、活动室或儿童房中，增加空间的活泼感。而在中国传统观念中，红色还代表喜庆，因此常会用作婚房配色。

红色常见色值

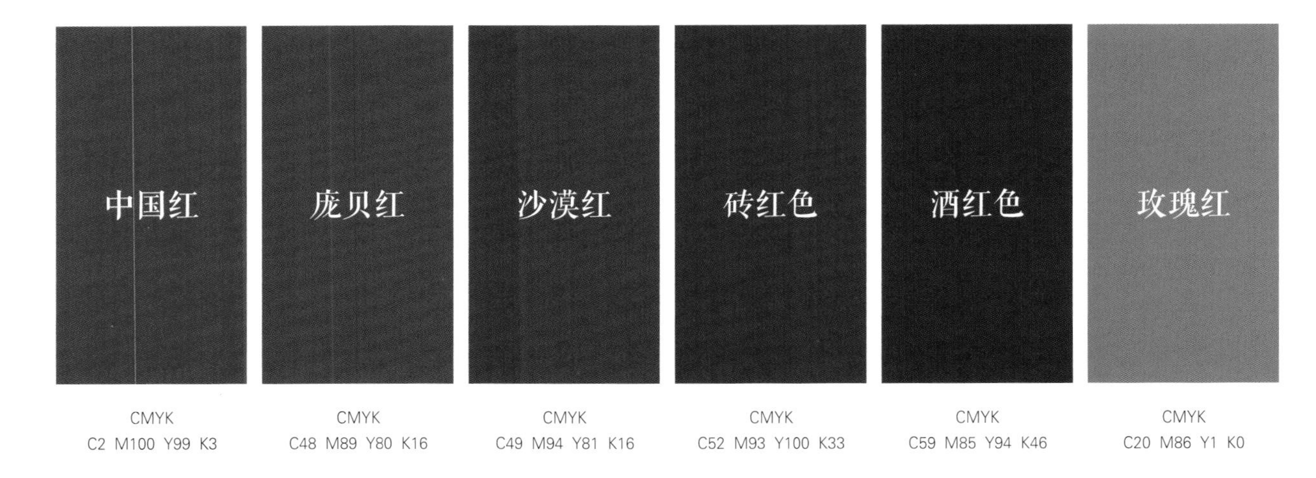

空间意向关键词与配色方案

1. 中国红

端庄、大气的中国红，体现着中国风的独特美感，魅力十足，婉转多情，流传千年而久盛不衰。在家居中，将中国红作为大面积背景色，可以营造出神秘、优雅的氛围，也是古典空间中的点睛之笔；若搭配明快线条与现代装饰，则充满魅惑，夺人眼目。

大气、庄严的典雅韵味

中国红作为最美的国风色调，是营造中式风格的绝妙色彩，典雅、庄严中透出火热的激情。搭配明度同样厚重的褐色系，有一种浑然天成之感。将两种色彩蔓延到家居空间中，可以打造出大气、庄严的居室“妆容”。

大气、端庄

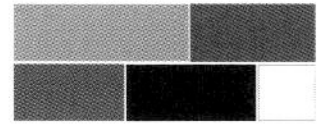

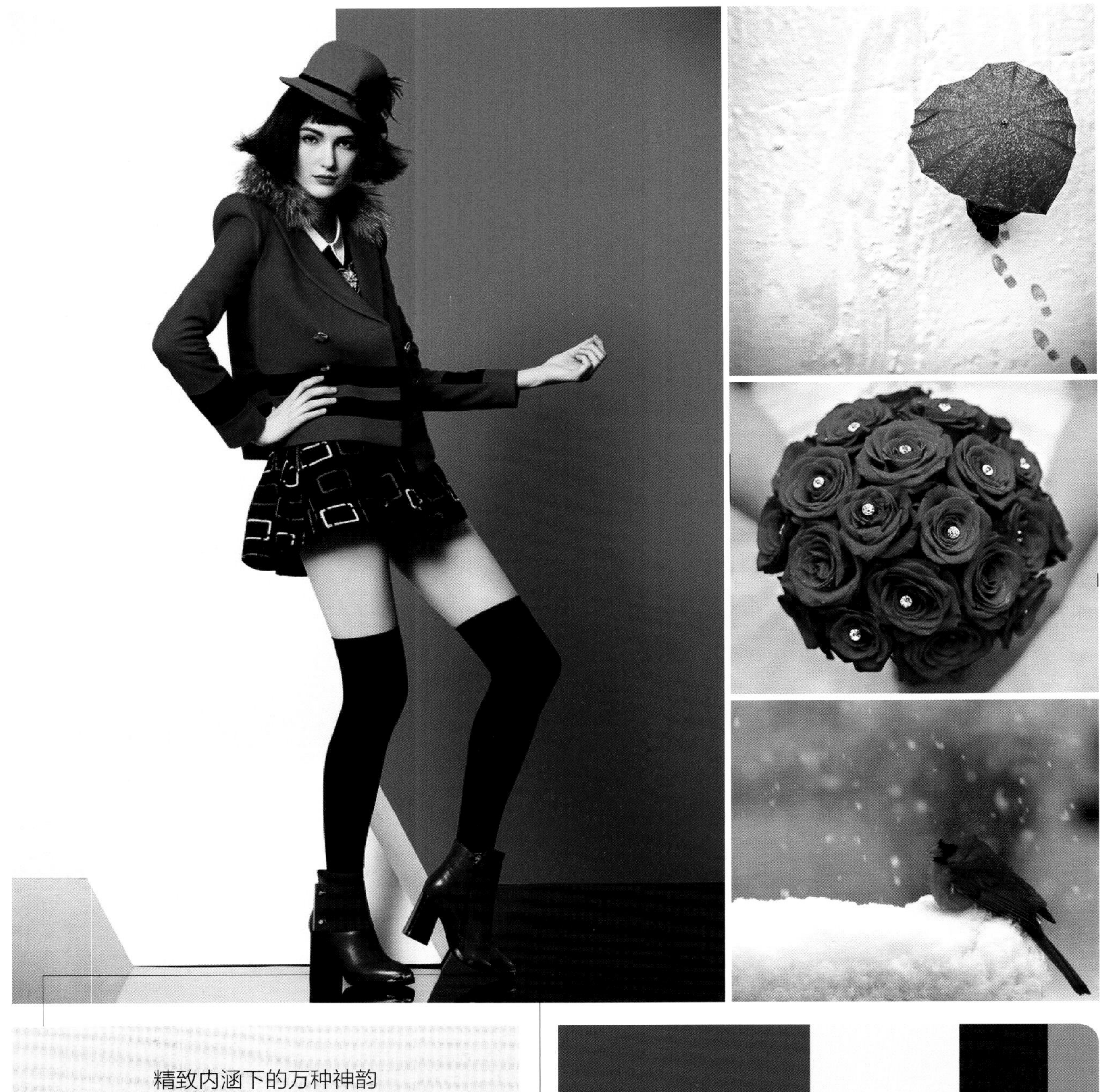

精致内涵下的万种神韵

热烈的中国红在配色中往往扮演着“浓墨重彩”的角色，哪怕少量运用，也是点睛之笔。由于其耀目的特性，搭配无色系中的黑、白也不会显得寡淡，反而凸显出一种“浓淡相宜”的配色智慧，透出精致内涵下的万种神韵。

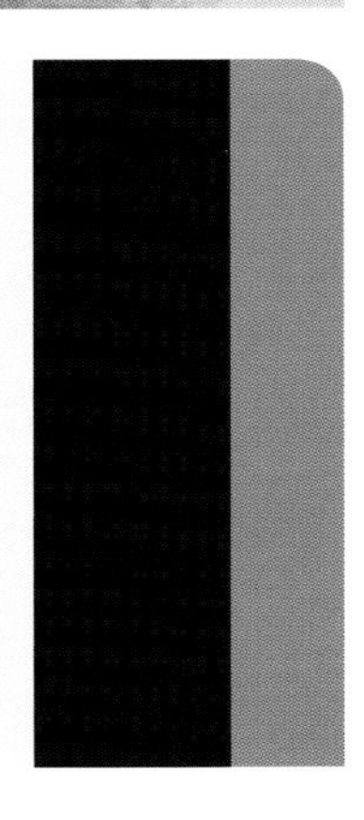

精致、日常

精致、现代

精致、温馨

红、灰有度的现代美学

以灰色为主色调，红色作为辅助色点亮空间，打造出现代、时尚又冷艳的居家氛围。高饱和度的红色带来的是热情与炙热，低饱和度且深沉的灰色代表的则是成熟与优雅。将这两种色彩进行搭配，暖色的跳动穿插在安静的中性色当中，混搭出一番别具风情的空间味道。

现代、活力

现代、优雅

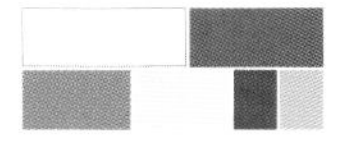

活力无限的欢畅之地

色彩是情绪，也是旋律。红、黄、蓝三原色的搭配，仿佛一曲和谐的乐章，将活力无限的情绪蔓延到家居角落。让人眼前一亮的中国红，搭配同样抢眼的亮黄色，充满了明媚与鲜妍，深浅不一的蓝色则平衡了喧嚣，给人冷静思考的余地。

活力、舒适

活力、鲜妍

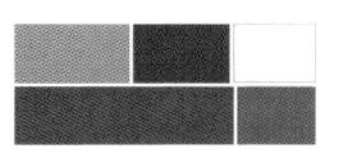

得天独厚的华丽经典

在色环上，红色和绿色是两极。红色鲜艳热烈，绿色恬淡惬意，它们好像天生对立，不可融合，但大自然是最好的配色师，红色是花朵、是果实，绿色是叶子、是芳草，两种色彩相互补充，相互调和，形成鲜艳且具有冲击感的组合。

华丽、古典

2. 庞贝红

“庞贝红”源自于古罗马时期的庞贝城，是当时人们绘制壁画时喜好用到的色彩，具有鲜艳夺目的光彩，类似于中国的“朱砂红”。这种红作为大面积背景色使用，可以令优雅与高贵在空间内释放；用于点缀色则能够提升格调与展现气质。

醒目与热闹的盛夏联欢

带有一点黑调的庞贝红，压制住了饱和度过高的红色所具有的刺激感觉，自有一种“遗世独立”的态度，大面积用在家居背景色中也不会显得刺眼。与暖色调中的黄棕色进行搭配，更加丰富了配色层次，仿若带来一场热闹的盛夏联欢。

醒目、自然

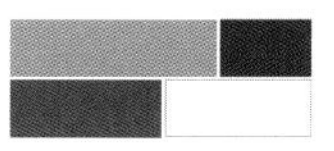

醒目、艺术

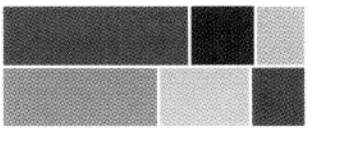

“低调”与“张扬”的品质联盟

红与蓝，一种张扬低调，一种冲动内敛，热情与冷静同在，活力与沉稳融合；就像生活不是一味地张扬，也不是一味地低调。将代表着活力的庞贝红与象征着沉稳的墨蓝色同时渲染到家居空间中，巧妙地搭配出个性又带有品质感的空间。

个性、简洁

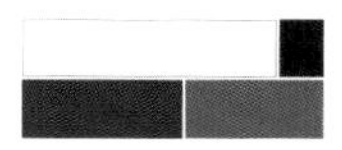

个性、品质

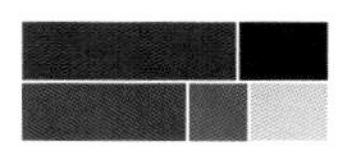

自带高级感的美学演绎

恰到好处的灰度，打造出高级感，演绎出意想不到的浪漫情境；高贵复古的庞贝红，渲染出热情与喜气；再用干净的白色进行衔接，雅致的金色进行提亮，营造出难以自持的空间氛围，无比惊艳。

高级、雅致

3. 沙漠红

沙漠红是一种加入了灰调的红色，降低了明度和饱和度，自带一种低调的优雅。这种红色远离了喧嚣、浓烈，柔和、安静的外表下蕴藏着红色系呼之欲出的原始活力。由于自身所具有的魅力，沙漠红非常适合营造带有轻奢味道的室内空间。

古典、华丽的优雅幻想

沙漠红作为主角色，塑造出具有稳定感的空间氛围，再用大面积的象牙白作为背景色，可以避免低明度暖色的压抑感。沙漠红在空间中是古典韵味的灵魂，用软装作载体可以避免过于沉闷。灰蓝色与茶棕色则作为辅助配色出现，强化古典韵味，与沙漠红形成递进层次。

古典、大气

古典、低调

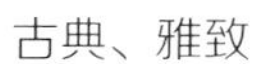

古典、雅致

专属轻奢世界的古典味道

采用具有代表性的、复古感的沙漠红作为主角色，搭配具有很强融合力的灰色和驼色，能够使空间重点配色更为突出，轻奢与古典的气质油然而生。加入绿色点缀，令空间层次感更加突出，也将生机盈满一室。

轻奢、复古

轻奢、时尚

轻奢、摩登

含蓄空间也能摇曳生姿

带有灰调的沙漠红，其含蓄的色彩蕴藏着别样风情。当空间被沙漠红包围，搭配温润的木质色彩，再适当加入经过降低明度和纯度处理的黑色，保留空间韵味的同时，增加坚实感，为空间增添了更多的联想与趣味。

含蓄、温润

4. 砖红色

砖红色在红色系家族中，拥有的最大属性就是“接地气”。这种红色明度较低，既流动着褐色的亲和，又传承了红色的活力。即使将其作为背景色，大面积运用在空间之中，也不会显得太过刺激，却能保有入目时的生动。

稳重氛围下的复古与轻奢

低明度的砖红色带来厚重基调，加入灰白色彩，用来调剂空间的沉闷，激发出华丽氛围。同色系的暖咖色不动声色地进行呼应，形成稳定的配色效果，将复古情怀推向高潮。再来一点儿轻奢韵味的金色调剂，品质感尽数呈现。

复古、品质

复古、轻奢

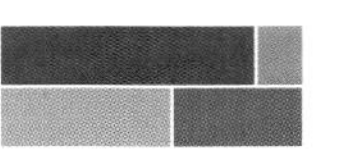

5. 酒红色

热烈的红色遇到沉默的黑色，便成了独特的酒红色。把奔放的情绪压制住，转化成不言语的高贵，关闭住倾泻的出口，将所有的繁华与热情都蕴藏在体内，形成高贵又无上的魅力。这样的色彩，便是营造深厚内涵、高贵气质的最佳选择。

时光雕刻下的沉稳气质

降低了明度的酒红色同时也降低了躁动感，自带一种成熟、稳重的气质。在家居设计中，将酒红色用于墙面背景色可增加空间的稳定视感，再用白色作为协调配色，为厚重空间增添一丝清透。而那看似闲散的金色点缀，却最能体现整体色彩构成的稳定，同时带来一抹精致韵味。

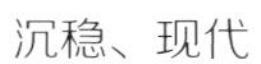

沉稳、现代

沉稳、奢华

沉稳、雅致

以千载时光吟唱浓郁华章

酒红色的墙面具有丰富、浓郁的质感，用其作配色中心，表现出兼具成熟和华丽的氛围，配以白色更显耀眼。再选用与主色成冲突型的灰蓝色或宝蓝色作为搭配用色，使空间有了微弱的开放感，避免了暖色为主的沉闷。

浓郁、华丽

浓郁、大气

6. 玫瑰红

不是女人脸上俗媚的胭脂红，也不是老妇手中难看的鲜红帕子，而是那幽林深山里，在枝头欢快唱着歌的织雀身上的那一抹玫瑰红，可爱而不做作，充满灵动的自然之美。若是把这样娇柔但不做作的色彩运用到室内之中，一定能创造出醒目而活跃的女性空间。

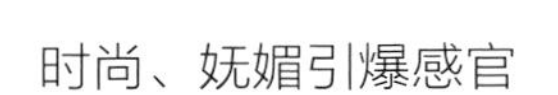

时尚、妩媚引爆感官

时尚、妩媚的玫瑰红占据了最为醒目的位置，明确地表达出具有女性特征的色彩印象。高纯度的黄色点缀活跃了空间氛围。白色则象征纯洁、天真的一面，与玫瑰红、亮黄色的搭配具有节奏感，但不过分耀目。

时尚、生动

时尚、节奏

时尚、潮流

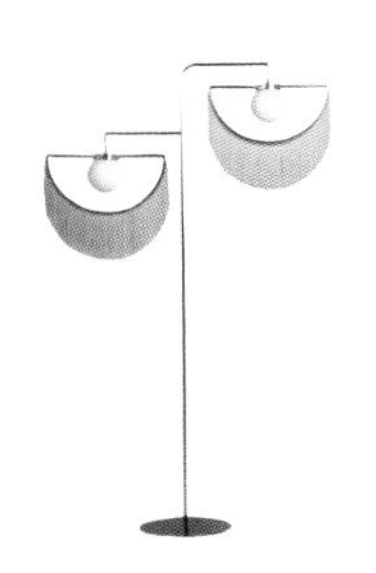

二、粉色

粉色具有很多不同的分支和色调，从淡粉色到橙粉色，再到深粉色等，通常给人浪漫、天真、梦幻、甜美的感觉，让人第一时间联想到女性特征。也正是因为这种女性化特征，有时会给人幼稚或过于柔弱的感觉。

粉色常被划分为红色系，但事实上它与红色表达的情感差异较大。例如，粉色优雅，红色大气；粉色柔和，红色有力量；粉色娇媚，红色娇艳。可以说粉色是少女到成熟女性之间的一种过渡色彩。

在室内设计时，粉色可以使激动的情绪稳定下来，有助于缓解精神压力，适用于女儿房、新婚房等，一般不会用在男性为主导的空间中，会显得过于甜腻。

粉色常见色值

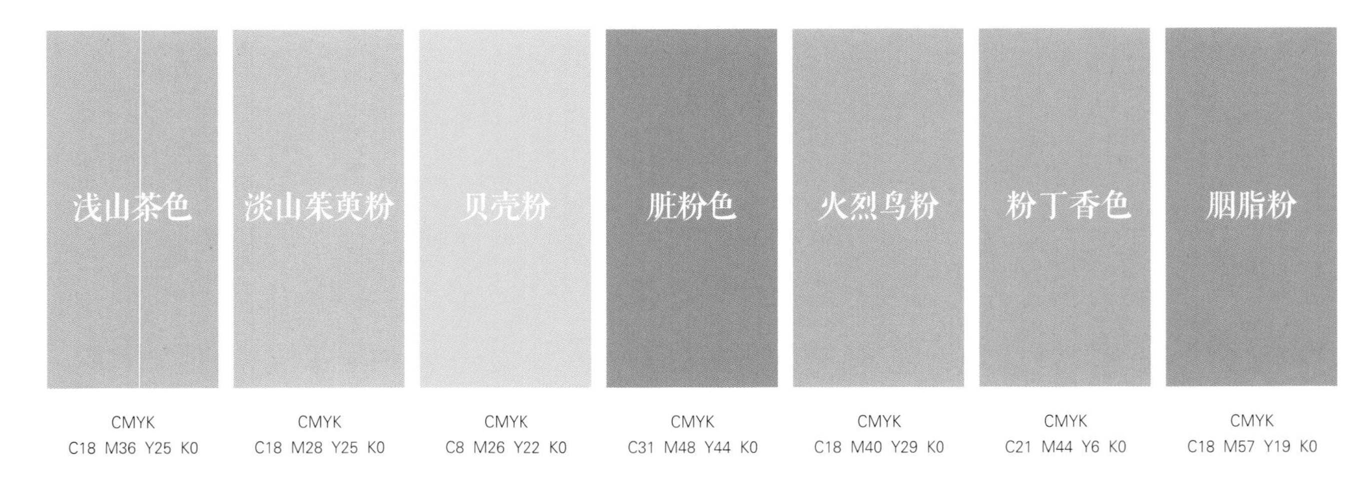

空间意向关键词与配色方案

1. 浅山茶色

层层叠叠的山茶花总是开放在晚秋稍凉的天气中，一片一片静静地绽放，从花心至花尖悄悄变换的粉色，悄无声息地展现着可爱无邪的魅力。这样浅淡而又可爱的色调，带着梦幻与纯真，适用于儿童房以及带有温柔女性韵味的空间。

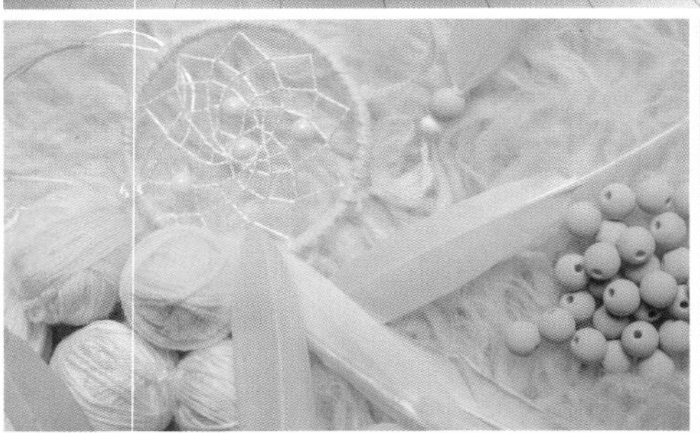

少女的梦幻仙境

浅山茶色的纯度非常低，是一种象征少女一般梦幻、单纯的色彩，常用于与高明度的色彩搭配。例如，当浅山茶色与大面积白色搭配，会带来纯情、梦幻的少女感，若再以浅木色进行调和，会有自然、灵动的温柔触感。

梦幻、轻柔

梦幻、纯净

温柔的秘密花园

白色搭配浅山茶色，适合营造温柔、干净的空间氛围。若将白色作为背景色，以浅山茶色作主角色，可降低粉色的甜腻感，增添干净的温柔感觉；若是将浅山茶色作为空间中的大面积配色，可以将氛围变得极度温柔起来，间或以白色穿插点缀，仿佛置身于被遗忘的花园。

温柔、干净

温柔、清雅

2. 淡山茱萸粉

具有少女感又不过于甜腻的淡山茱萸粉，并不仅仅是可爱的代名词。如果说甜嫩的浅粉色是年轻少女专属的色彩，那淡山茱萸粉则是优雅与可爱的结合体。就像那刚刚褪去青涩，眉间稍许带着成熟味道的女性，淡山茱萸粉更加适合追求平和与舒适感的优雅女性空间。

恰到好处的优雅

本身带有灰调的淡山茱萸粉遇上干净的白色和温和的灰咖色，温暖的色调洒满了空间的每一个角落，整体空间散发着甜而不腻的优雅感，再以同样低纯度、低明度的蓝色或绿色点缀，丰富配色的同时也能平衡冷暖。

优雅、格调

优雅、精致

优雅、高级

蓬勃生机中的舒适美好

淡山茱萸粉与绿色，就像春天的花与叶，在温润的空气中苏醒绽放，蓬勃生机中洋溢着舒适的美好，让空间内自然地充盈着那份带着活力的朝气，如果选用浅木色进行融合，整体空间则充盈着能够抚慰人心的安然。

舒适、温柔

舒适、安然

欲语还休的文艺韵调

如果说淡山茱萸粉是半熟的少女，那墨绿色一定是慵懒精致的成熟少妇，将这二者糅合在同一个空间之中，在成熟的韵调上增加了少女莽撞的音符，似浓似淡的灰色，在保留少女甜美感的同时过滤掉甜腻，整个空间散发出欲语还休的文艺感。

文艺、简洁

文艺、轻奢

文艺、精致

文艺、高级

蓬勃生机中的舒适美好

想要摆脱粉色过于稚嫩的因子而保留住温柔的感觉，那么可以试试与灰蓝色搭配。原本清爽的蓝色调入灰色系，减弱硬朗的感觉，与同样带有稍稍灰调的淡山茱萸粉组合，营造出可以安然入梦的空间氛围。

沉静、暖调

沉静、清爽

沉静、清雅

3. 贝壳粉

如同人鱼尾上闪着珠光的鳞片，在阳光的反射下有着光滑、细腻的粉调，带来脆弱的美感，激发着心底深处对于美好事物的追求与保护。淡然的色调，并不会有喧宾夺主的娇嗔感，十分适合打造平和与低调的甜美氛围。

所到之处皆温柔

白色和浅木色搭配的世界有着淳朴、自然的感觉，但就像那贫瘠的荒原，缺少温柔的感觉。加入贝壳粉色，则能在原本质朴的氛围之上，增添淡淡的温柔，就像无声的触摸，不抢眼却又充斥着暖意。

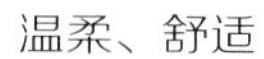

温柔、舒适

温柔、简洁

温柔、清透

那一抹小清新叫“甜蜜”

淡然的贝壳粉作主色，能够呈现出低调的可爱感觉，搭配清新、自然的青瓷绿，没有强烈撞色带来的冲撞，取而代之的是柔和的清爽。原本是一份不够浓烈的甜蜜，在青瓷绿的搭配下，却以一种温柔的感觉渲染着清新的自然氛围。

清新、干净

清新、甜蜜

4. 脏粉色

脏粉色，位于灰色之上，粉色之下，比粉色冷静，比灰色甜美。这个加了一点点灰色的色彩，温柔中带着高级感，没有特别的性别倾向，不会落入甜蜜的俗套之中。最疯狂的色彩来自对生活的乐趣与积累，当脏粉与不同色彩组合，不仅凸显层次，还能提升质感。

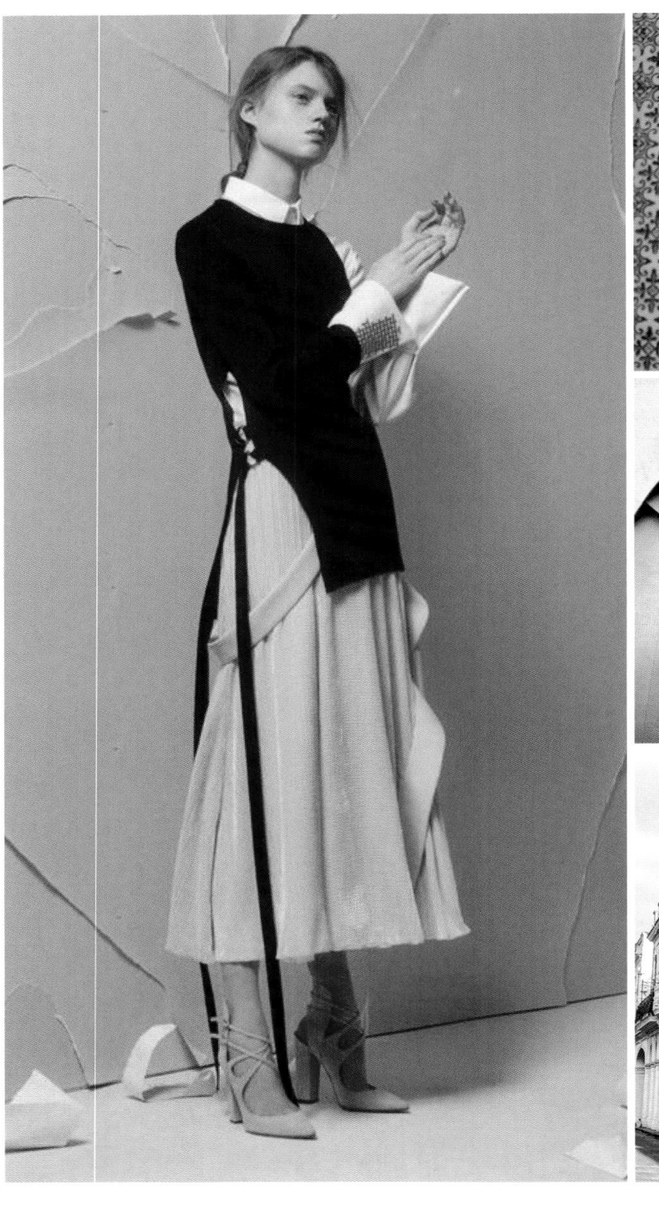

酷感可爱风

黑色的沉闷与压抑，脏粉色的温柔与高级，难以想象的两个极端色彩情感，就像冰与火的融合，反而组合出一种“酷酷的可爱”。不论是黑色作背景色，还是脏粉色作背景色，两者的搭配能够“撞”出不一样的空间艺术。

艺术、考究

艺术、简洁

艺术、明快

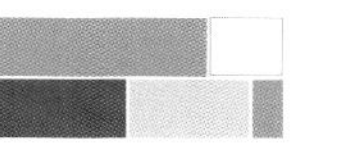

艺术、别致

中性化的沉稳与优雅

“红配绿”一直都是室内配色中不会大面积运用的一个组合，然而脏粉却凭借其独特的气质，百搭深浅不一的绿色。不管是墨绿色的精致，还是青草绿的清新，加入脏粉后都呈现出不一样的质感，细节之处以灰色点缀，缓和色相搭配的冲击感，也增加了配色的深度。

优雅、绚丽

优雅、时尚

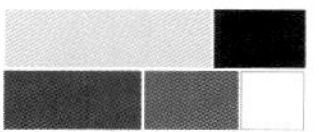

5. 火烈鸟粉

来源于火烈鸟羽毛的颜色，如同被烈火燃烧过的火烈鸟粉，又像那冬日晚霞变化的最后一现，由火红变成浅粉的渐变过程，浪漫而又含蓄的情感全部宣泄而出。这样蕴含浓烈却又浅淡的色彩，十分适合大面积地使用在室内，可以增添浪漫和幻想。

充满艺术感的生命律动

浪漫、优雅的火烈鸟粉层层叠叠地渲染到室内，令人仿佛误入一片花海，淡雅、柔和的色调，将室内映衬得温馨、灿烂，与灰蓝色交织组合，形成富有艺术感的氛围，将空间的情绪维持在感性与理性的中间，既不会过于女性化，也不会太过冷硬。

艺术、高级

艺术、品味

艺术、情调

你是记忆中最清丽的时光

火烈鸟粉与青绿色的搭配，是两种出挑但不出位的色调糅合，既演绎初春般的温柔，也将春之灵动呼之欲出。将这两种颜色运用在软装之中，与窗外折射的光线相互辉映，飘逸的新丽感散发一股清香之味，再结合干净的亮白色，温润的暖棕色，不由使人想起情窦初开时，青涩、懵懂间那些飘落在记忆中的小时光。

清丽、文艺

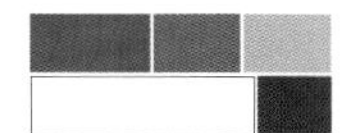

清丽、可爱

6. 粉丁香色

带着高纯度和高亮度的粉丁香色，仿佛是中世纪歌女手中的羽毛扇，在空气中来回挥动着，颤动着的羽毛划出优美的粉色弧线，轻快的节奏赋予了空间更多活力与女性魅力。对于想要毫不掩饰地表达对爱和生命的憧憬与迷恋的人而言，粉丁香色便是最好的寄托。

华丽、梦幻的浓情之境

在白色的背景下，粉色的温柔与浪漫才能显得更加纯粹、干净，即使是带有紫调的粉丁香色，在白色的映衬下，也能被激发出梦幻般的感觉。黑色的细细点缀，让原本有些温柔的氛围变得深刻起来，如同水彩画一般，为空间添上浓墨重彩的一笔。

华丽、优雅

华丽、梦幻

华丽、浪漫

7. 胭脂粉

不同于情窦初开的少女两颊上的绯红，少妇那白净脸颊上淡淡的胭脂粉，似乎在诉说着缠绵、惆怅的爱情韵事。这样洒脱而又张扬的色彩，十分适用于打造女性家居背景，可以让许多想要被表达的情绪缓缓流露而出。

许一片明媚，沉醉不复醒

想给自己最温柔的宠溺，来忘却岁月走过留下的伤痕。让所有的暖色充满空间，褪去冰冷的色彩，固执地用一切温暖、明媚的意向来充盈心间。比少女粉略深一层的胭脂粉在空间中幻化出曾经动人的“粉面”，而坚实的暖棕色、活跃的亮黄色，则带来生活磨砺而出的坚韧与活力。

活力、童趣

活力、明媚

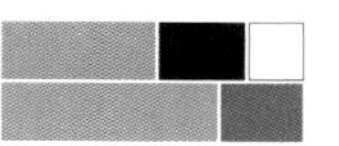

自然、美妙的浪漫乐园

大面积的白色背景里掺杂着胭脂粉，一切融合得是那么自然，就像女子白嫩的脸庞上隐隐透出来的红润，自然而情深。如果此时再小面积地运用绿色系点缀，令原本就粉而不腻的空间，变得更加自然、轻松。

浪漫、轻松

浪漫、美妙

三、橙色

橙色比红色的刺激度有所降低，比黄色热烈，是最温暖的色相，能够激发人们的活力、喜悦、创造性，具有明亮、轻快、欢欣、华丽、富足的感觉。

橙色作为空间中的主色十分醒目，较适用餐厅、工作区、儿童房；用在采光差的空间，还能够弥补光照的不足。但需要注意的是，尽量避免在卧室和书房中过多地使用纯正的橙色，会使人感觉过于刺激，可降低纯度和明度后使用。

橙色中稍稍混入黑色或白色，会变成一种稳重、含蓄又明快的暖色；而橙色中若加入较多的白色，则会带来一种甜腻感。

橙色常见色值

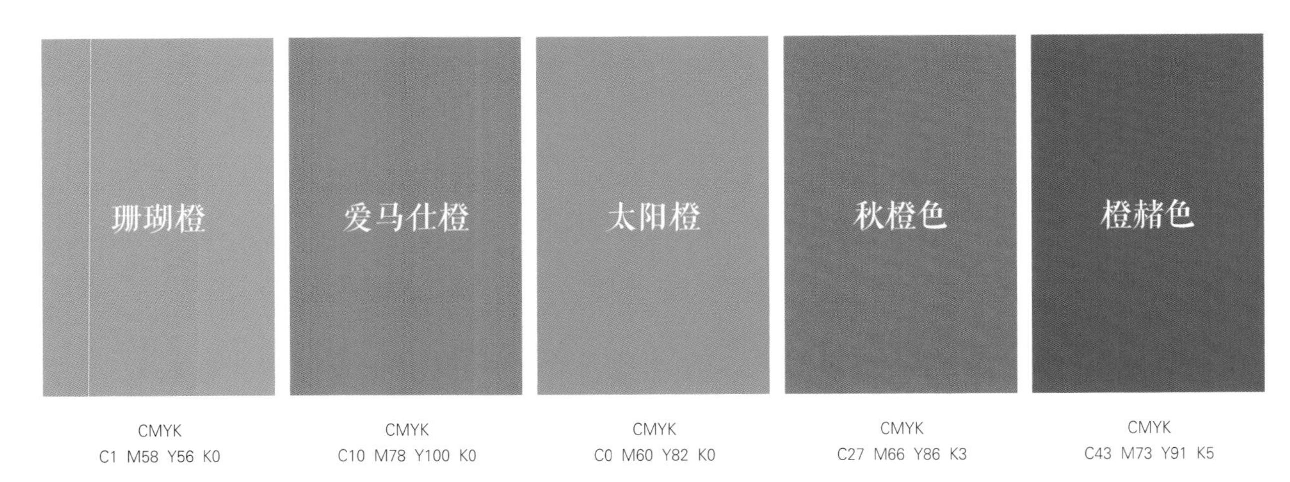

空间意向关键词与配色方案

1. 珊瑚橙

来自自然界的珊瑚橙，在海底珊瑚礁群中，在黄昏时的天空中都能找寻到它的身影，它展示出大自然色彩中迷人、亲切而具有活力的一面。珊瑚橙比橘色更柔和，比粉色更活泼，甜而不腻、暖而不燥的调性使之充满了无限生机，象征着满满的期待与美好，运用在家居空间中，能够给人一种十分舒适、愉悦的感觉。

元气满满的活力地带

当珊瑚橙融入家居之中，人的心情也会随之变得明亮起来。它的出现，让整个空间温度升高不少，但为了避免形成过于振奋的空间基调，可以用粉蓝色和无色系中的白色或灰色为空间降温，保留住温暖、明亮的感觉，又不会担心起到反作用。

活力、明亮

简约与潮流共存的和谐空间

喜欢无色系搭配带来的极简味道，也喜欢温暖、乐观的氛围，看似矛盾的情感诉求，却也能在同一个空间里实现。自然、亲切的珊瑚橙，即使搭配冷硬的黑、白色，也不会逊色，保留着简洁感的同时，也自带一种潮流感。

简约、理性

简约、潮流

简约、利落

2. 爱马仕橙

爱马仕橙是个神奇的色彩，它不像红色那般深沉、艳丽，又比黄色多了一丝明快、厚重，在众多色彩中耀眼却不令人反感。仿佛天生一般的高贵气质，宣扬着无比饱胀的热情，即使只是在家居中小范围出现，也会成为视觉的中心。

精致、奢华的名利场

与爱马仕橙互补的宝蓝色为空间的配色创造一些新鲜感，对撞产生刺激的视觉印象，既盘活了空间氛围，还带来一点儿个性层次，小范围点缀更显得精致、灵活、充盈、动感。黑色与灰色的加入，让空间多了一份稳重，增添了精致、奢华的感觉。

奢华、精致

潮流、摩登空间的打开方式

爱马仕橙是活力与时尚的代名词，而高级灰则是永恒的经典，两者都是位于潮流前端的时髦元素。当橙色的温馨与灰色的冷艳对接，低调之中展露着张扬的气质，整个空间更显优雅。产生强烈对比的同时带来鲜明的视觉冲击，营造了一个充满时尚、优雅气息的摩登空间。

潮流、轻奢

潮流、品质

流动着的华丽与明艳

爱马仕橙的艳丽和金色的奢华渗透进家居里，那一抹悦动温暖的点缀，其时尚敏锐的色泽可瞬间紧抓视线，呈现出惊艳、优雅的视觉观感。这样的配色打破了传统的循规蹈矩，既能演绎简约奢华，又彰显了优雅风情。

华丽、品质

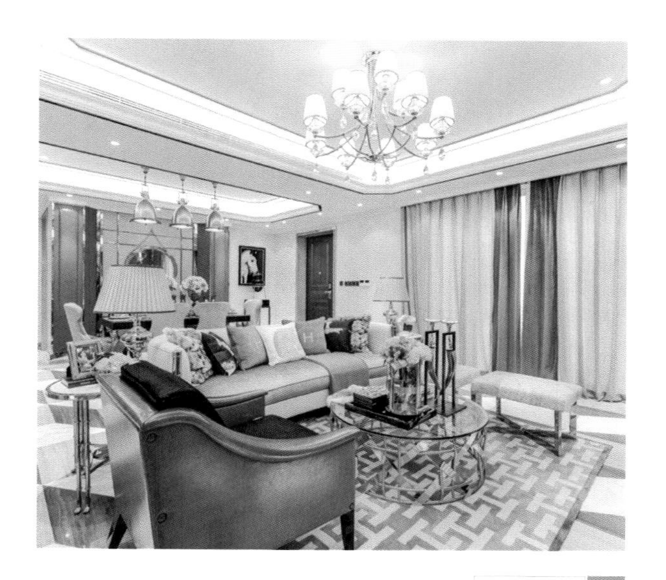

华丽、轻奢

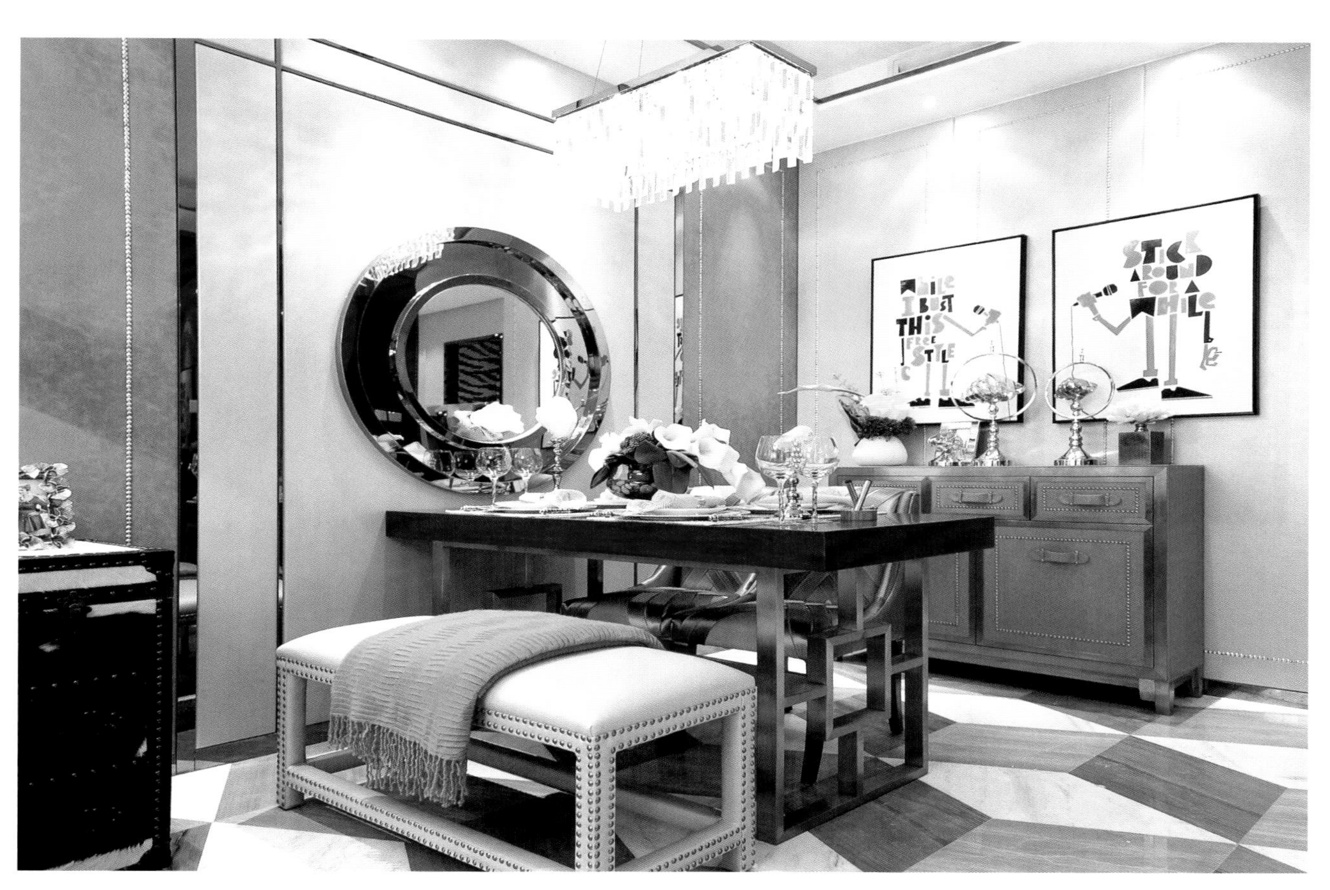

华丽、明致

撞色与对比的时尚联盟

爱马仕橙与灰蓝色，一个彰显着时尚与奢华，一个氤氲着高贵与优雅。作为贵族们挚爱的色调，两者的联手展露出极致诱人的高雅魅力。在家居设计中应用这组配搭，张扬的色彩与沉静的色调碰撞，强势吸睛，酷炫活力洋溢着青春的躁动，带来时尚与个性之美。

时尚、个性

时尚、先锋

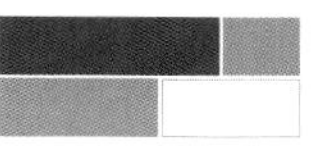

3. 太阳橙

橙色积极乐观的属性，就像色彩界的太阳，点亮了生活中的阴暗角落，传递着温暖与希望。而太阳橙色调上偏橘红色，由于其中红色成分比较多，使得它比橙色具有更多红色的特征，拥有更强烈的温度感，并充满了激情，但在家居之中不建议大面积使用。

动静皆宜的活力空间表达

热情的太阳橙作为视觉中心，元素聚集产生的能量波如同炙热燃烧的跳动火焰，一层层地向外蔓延，上演了一幕极具动感的热情画面。而与之搭配的黑色，拉慢跳跃的脚步，带来一份安定。大面积出现的白色，则有效避免橙色的过度活跃和黑色的过度沉闷，不动声色地演绎出动静皆宜的居家生活方式。

活力、干净

欢愉的海滨假日

充满海边度假风情的搭配必定要属于太阳橙与水蓝色，阳光与海水的交融令人的心情无比欢畅。这样高饱和度的亮色搭配带来极致吸睛的诱惑力，营造出毫无压力的轻松感；而亮白的空间背景具有很好的包容性，亮丽的冷暖色泽在此彰显出时尚、轻奢的质感，美得无可挑剔。

欢愉、舒适

欢愉、放松

高级之中的温暖活力

灰色作为大面积背景色使用，搭配不当很容易出现压抑、沉闷的感觉。但若以太阳橙作为主角色，在视觉上则能够缓解灰色调的沉闷，增加活跃感，平衡整体空间的动静，把温暖和高级融合，打造出与众不同的居家氛围。

高级、活力

4. 秋橙色

既带有秋天的深沉，又掺杂了奶茶粉的温柔个性，这就是秋橙色——橙色家族里极具代表性的一员，明度较高，具有橙色活泼、开朗、积极向上的一面，也有象征秋天丰盛的一面，十分适合用于表达温暖氛围的居室。

融入自然的乡野情趣

当充满温馨的秋橙色遇上自然的绿色系，仿佛置身于奇妙的童话森林，充斥着希望与快乐。可以将秋橙色作为室内大面积配色，奠定出温暖而活跃的氛围，再利用层层叠叠的绿色和稳定质朴的灰色系进行搭配，为家居带来具有时代特征的田园诗意。

自然、质朴

自然、现代

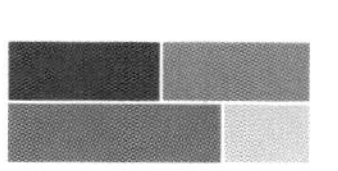

5. 橙赭色

把活力四射的光芒收敛起来，像收起锋芒后慈祥的王者，这样的橙色虽然带有橙色系活跃、明亮的特点，但由于纯度较低，削弱了一部分浓烈特征，在视觉上更加接近褐色。在空间中大面积使用这种色彩，不会过于耀目，古典、优雅之感却随之而来。

当代轻奢美学的完美演绎

若想营造温暖又低调的空间环境，选用橙赭色一定不会出错。无论是将其表现在墙面，还是平铺在装饰之中，都自带一种与世无争，却不容忽视的独特魅力。如果再用同样低调属性的白色、灰色与之搭配，整个空间既带有无与伦比的轻奢质感，又具备观之忘俗的现代情调。

轻奢、现代

轻奢、沉稳

轻奢、雅致

谁说沉静无“个性”

由于橙赭色较低的明度与纯度，即使大面积使用，也不会具有过于刺激的观感，反而能够使空间散发出沉静、优雅的基调。而在橙赭色背景的映衬下，原本平淡的黑、白、灰搭配似乎也多一点出挑的小个性。

沉静、现代

沉静、优雅

四、黄色

黄色是三原色之一，能够给人轻快、希望、活力的感觉，让人联想到太阳，在中国的传统文化中，黄色是华丽、权贵的颜色，象征着帝王。

黄色具有促进食欲和刺激灵感的作用，非常适用于餐厅和书房中；因为其纯度较高，也同样适用于采光不佳的房间。另外，黄色带有的情感特征，如希望、活力等，使其多用于儿童房中。

黄色的包容度较高，与任何颜色组合都是不错的选择。黄色作为暗色调的伴色可以取得具有张力的效果，能够使暗色更为醒目。例如，黑色沙发搭配黄色靠垫。需要注意的是，过大面积地使用鲜艳的黄色，容易给人苦闷、压抑的感觉，可以降低纯度或者缩小使用面积。

黄色常见色值

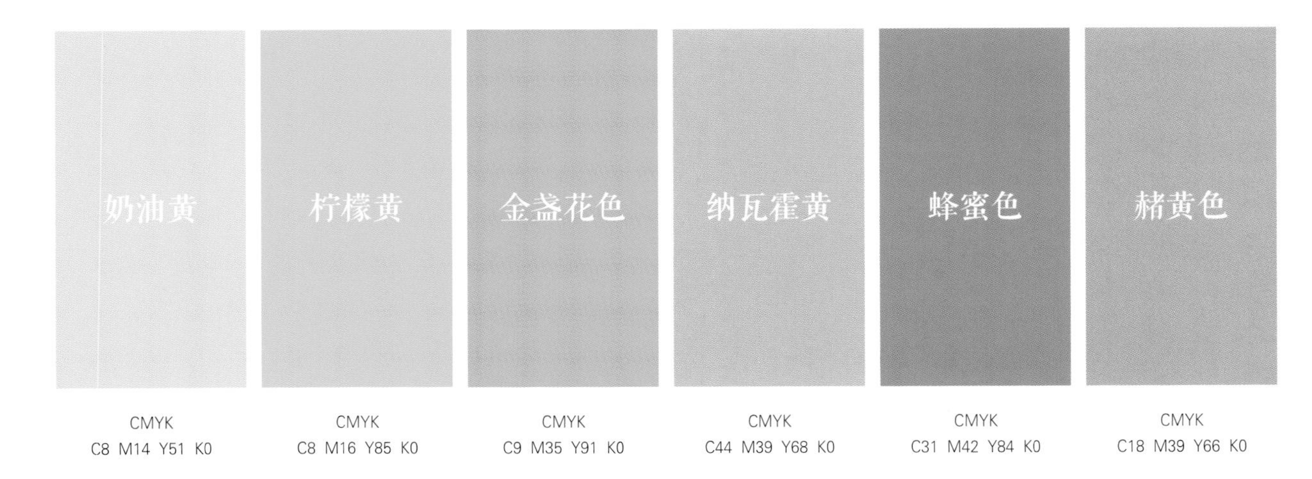

空间意向关键词与配色方案

1. 奶油黄

温和、恬淡的奶油黄，自带一股浓郁的软糯、香甜味道，牵动起蠢蠢欲动的味蕾，不禁想与爱人或闺蜜共同享用一份甜蜜与欢沁。这样的色彩无疑最能带给人幸福的感觉，若在家居中大面积使用，可以为空间打下柔和、温暖的基调。

艺术生活也有温度

大面积充斥着无色系的空间，虽然足够简约，但过于冷硬，缺乏生活的味道。若将柔和、甜美的奶油黄小面积点缀在空间之中，与无色系搭配产生的对比，具有强烈的戏剧性，使空间更生动；而原本缓和、淡雅的属性，亦为空间带来舒适之感。

艺术、现代

艺术、简约

温暖又不会腻烦的家

奶油黄可以给人带来温暖感和安全感，不会显得过于刺激和突兀；同样具有亲和属性的褐色木质材料与奶黄色的搭配十分和谐，整体空间看上去复古又温暖；而白色的辅助使用，亦是构成温暖空间的重要组成部分。

温暖、舒适

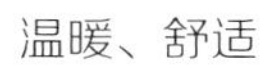

温暖、治愈

2. 柠檬黄

在炎炎夏日之中，新鲜的薄荷叶与柠檬、冰块的组合，最能带来一丝清凉，瞬间赶走炎热与烦躁，带来快乐、明朗的情绪。亮眼的柠檬黄，就是快乐、明朗情绪中的助燃剂。将这种色彩运用在家居中，可以打造出别致、醒目的氛围，无论与深色和浅色搭配都足够完美。

令人心动的一方净土

饱和度较高的柠檬黄，最适合展现儿童的纯粹与天真，那是没有受过任何伤痛的心灵，有的只是纯真。在儿童房中，仅用一点点的柠檬黄，就足够让整个空间变得活跃、显眼起来；搭配同样干净、明亮的白色，成就人世间最令人心动的一方净土。

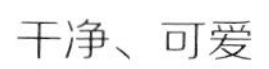

干净、可爱

干净、明亮

干净、舒适

热闹、明媚的活力庆典

原本活泼、明媚的柠檬黄，碰上高明度的彩色，一定是最热闹的“盛会”。以柠檬黄作为主色调，奠定亮眼、欢快的氛围，再以不同的亮色作点缀，将活跃的气氛推向高潮，带来醒目而别致的空间氛围。

活力、别致

活力、明媚

活力、醒目

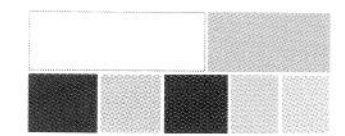

将舒适进行到底

温和、舒缓的暖棕色，让整个环境氛围凝聚朴实气质；柠檬黄虽以主角色出现，在棕色系的围合下，降低了夺目感，而其不可忽视的明亮色调令空间朴实的气质中多了点变化，整个空间就这样将舒适进行到底，又不显平淡。

舒适、柔缓

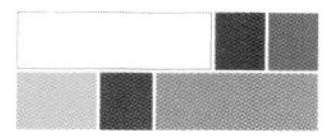

舒适、明快

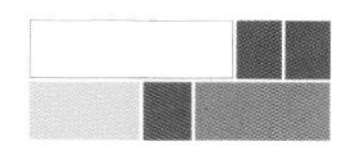

时髦、个性的现代家居

当明亮的柠檬黄色邂逅成熟、稳重的黑色，加上简洁、干净的白色，一场个性的现代派对拉开序幕。即便是再冷酷、再沉闷的空间，一抹柠檬黄便能改善空间的无聊，让整个家居变得鲜活、生动。

现代、考究

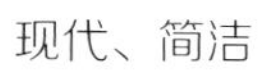

现代、简洁

现代、灵动

3. 金盏花色

秋天麦浪滚滚，它是温暖、亲切的色彩；夏日裙角飞扬，它是轻快、耀眼的色彩。这个既鲜明又艳俗，既明亮又轻快的色彩，便是金盏花色。将它带入家中，即便是随处增添一抹，便能有温暖、治愈的效果。

思绪万千的秋日乡野

黄色与蓝色搭配，可以带来强烈的视觉体验。相较红绿对比色，这组色彩搭配带来的碰撞并不跳跃，更易被人接受。金盏花色的成熟，宝蓝色、深海蓝的清爽，糅合在一起，热闹中不失冷静，就像是秋日乡野，既承载着丰收的喜悦，也带来一场关于人生的思索。

乡村、明媚

乡村、沉稳

理性与感性交织的现代家居

高级灰在高冷的气质中牵引着都市人的情感与理智，金盏花色带来阳光般的惬意与明媚，为不安的内心找到安稳与依靠。在高级灰包围的空间中装饰一抹生动的黄，冷与暖的交融展现轻奢格调的同时，也完美表达了生活本该有的明媚感与轻松。

现代、理性

现代、轻松

4. 纳瓦霍黄

纳瓦霍人心中的第三世界也被称为黄色世界，山上神圣之人生而不朽，踏日光虹色而行。纳瓦霍黄也如这遥远的传说一般，带着时间流逝的痕迹，发出独特淡薄的光芒，为空间增添着深厚、沉稳的内涵情绪。

厚度与广度并存的高级感空间

带着沉闷灰调的纳瓦霍黄与无色系色搭配，将疏离的高级感拉近，更贴近生活的同时，也拥有着独特魅力。大面积无色系的调和，让室内的基调保持在干净、简约的方向上，而小面积出现的纳瓦霍黄和高级灰，则为空间不断注入高级感和内涵感。

高级、内涵

高级、理性

5. 蜂蜜色

最初对于甜蜜的印象，来自小熊维尼怀中总是抱着的蜂蜜罐，棕色的胖罐子上挂着焦黄色的蜂蜜，隔着屏幕似乎就能闻见那甜蜜的香气。色彩总是能激发我们感官的想象，蜂蜜色便是那甜蜜味道的代言，将它放入家居之中，为生活调添甜味，增加一份温馨感。

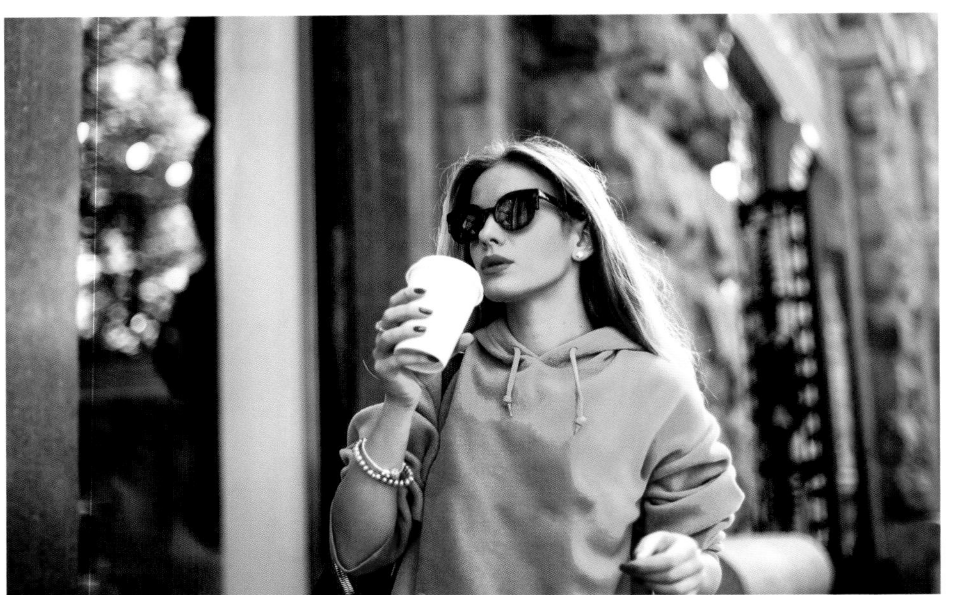

自然、宁和的质朴之境

蜂蜜色和深棕色的搭配，是源自大自然的配色，是土地与落叶的配色，是蜜蜂与蜂蜜的配色，是土石与黄鹂的配色。运用到家居空间之中，可以营造出宁和、质朴的氛围，既不会死板没有重点，也不会太过个性，温暖的感觉刚刚好。

质朴、温馨

质朴、宁和

质朴、现代

平和、沉稳的温暖家园

如若感觉蜂蜜色带有的甜腻感会破坏沉稳气息的表达，则不妨用白色和褐色系进行调和。大面积的白色墙面和浅咖色地板，可以将空间基调变得平和、沉稳，其间点缀的蜂蜜色不会太过注目，却又缓缓地流淌着温暖与亲切的情绪。

温暖、治愈

6. 赭黄色

“巍峨金阙珠帘卷，绯烟簇拥赭黄袍”，古时天子所穿的袍服，不是耀眼、鲜艳的黄色，而是一种带有华丽底色，可以让人感觉柔和、朴实又威严、庄重的赭黄色。虽然很多时候黄色会给我们带来刺激的观感，但巧妙地运用赭黄色则可以创造出一种独特的、充满力量的居室氛围。

低调、含蓄的历史感命题

赭黄色自带历史感，态度低调但不容忽视。原本沉闷的黑色，与赭黄色搭配后，色彩之中沉稳的古典气质被激发，一同带来低调的精致气息。而这一切，只有在大面积白色的背景之下，才能够展现尽致。

含蓄、低调

含蓄、理性

五、绿色

绿色是介于黄色与蓝色之间的复合色，是大自然中常见的颜色。绿色属于中性色，加入黄色多则偏暖，体现出娇嫩、年轻及柔和的感觉；加入青色多则偏冷，带有冷静感。

绿色能够让人联想到森林和自然，它代表着希望、安全、平静、舒适、和平、自然、生机，能够使人感到轻松、安宁。

在家居配色时，一般来说绿色没有使用禁忌，但若不喜欢空间过于冷调，应尽量少和蓝色搭配使用。另外，大面积使用绿色时，可以采用一些具有对比色或补色的点缀品来丰富空间的层次感，如绿色和相邻色彩组合，给人稳重的感觉；和补色组合，则会令空间氛围变得有生气。

绿色常见色值

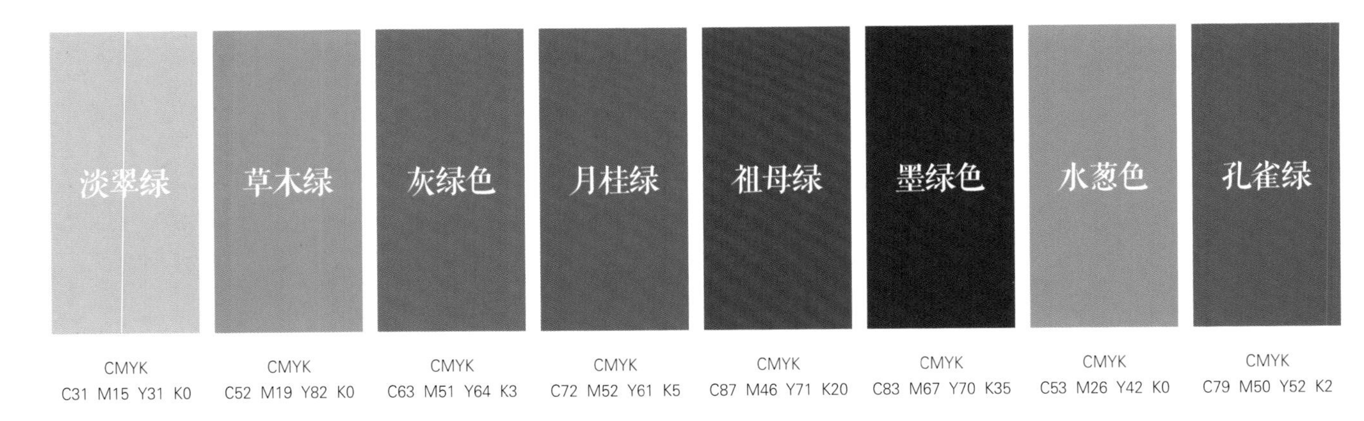

空间意向关键词与配色方案

1. 淡翠绿

淡翠绿，温柔含蓄，似潋滟的水波，又像雨后的新芽，纯净美好得一如水彩画作。这种亮丽却并不浓烈的色彩，如同润物无声的细雨，充满神奇的生命力量，十分适合用于空间背景色的打造，为家居生活带来无限舒适与惬意。

柔软如水的清新空间

珍珠白的莹润亮泽加上淡翠绿的柔软如水，搭配出简单中不失精致、内敛的居家环境。而明度较高的灰色自由地穿梭于两种色彩之中，更显配色的层次分明。如此充满着小清新气息的色彩搭配，使空间变得自然纯真，清凉且舒适。

清新、雅致

清新、舒适

满目绿意带你梦游自然山水间

淡翠绿作为大面积背景色，让平和、淡雅的氛围充斥空间。带有暖度的褐色系的加入，让一切都显得那么和谐、自然，将人拉进干净、素雅的世界之中。如同风吹柳林的悸动，带你梦游自然山水间。

自然、清新

自然、治愈

2. 草木绿

淹没在现代快速生活节奏中的人，对于富有生机的大自然总是充满了渴望。这种渴望延续到家居设计中，就是对于绿色的狂热使用。深深浅浅的绿色之中，草木绿可谓是与自然最相通的色彩，若再结合一些同样带有自然属性的褐色系、红粉色系等，可以为居住空间增添别样的盎然生机。

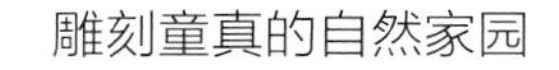

雕刻童真的自然家园

将草木绿作为室内的大面积配色，其清透的色彩就像是被细细的筛网滤过一般，让人有可以自由呼吸的空间。若再结合白色增加通透感，并辅以一些彩色进行搭配，可以奠定出生机童趣的空间氛围，十分适合儿童房的配色设计。

自然、生机

自然、童趣

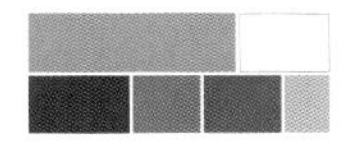

盎然生机中的自由呼吸

草木绿具有可以振奋人心的力量，将其运用在家居的墙面之中，再搭配白色，可以令空间的光线感更显通透，轻易烘托出一个生机盎然的、可以自由呼吸的空间。若再使用更加沉稳的褐色系与之呼应，则既显得雅致，又可以增添空间的柔和气质。

自然、通透

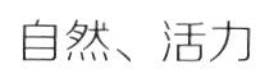

自然、活力

自然、舒适

3. 灰绿色

灰绿色被称为心脏和情绪的平衡器，在头脑与心脏之间创造平衡，它使人联想到乡村、清新的空气和健康的环境。这是能够把户外引入室内的完美色调，同时又是具有极大发挥空间的中性色调。只要你敢用，灰绿色则一定会为你带来意想不到的惊喜。

潮流魅力的惊艳表达

柔软、舒缓的灰绿色结合象牙白，勾勒出细腻高级的感觉，安闲、优雅的美感直击内心。而跳动的红橙色，仿若是一个顽皮的孩童，将原本平静的空间打破，平添一份生动与活力，大胆直观地展现着“初生牛犊不怕虎”的张扬个性。

潮流、活力

喃喃自吟的温柔小调

像是树干与枝叶，灰绿色与褐色的配搭，仿佛天生就该如此。深浅色调的鲜明对比，令视感进退得宜。灰绿色沉静舒缓，褐色自在安然，白色干净纯净，整个空间像是一首抒情诗，抑扬顿挫中飘逸着温柔的情韵。

沉静、理性

沉静、舒缓

4. 月桂绿

月桂绿是一款优雅又具有艺术感的色彩，将古典主义与色彩表达结合，加深了色彩的深度。这种降低了饱和度的色彩，既可以展现出自然独立的气质，也能够表达时髦、复古的经典之美。在家居中多做尝试，它的美好一定会让你流连忘返。

带有活力的复古格调

红色与绿色的对撞原本带有强烈的视觉冲击，但当红色遇到的是带着灰调的月桂绿时，红与绿的对撞也不会特别强烈，反而激发出了浓烈的复古格调。间或以同样带着灰度的暖色调点缀，可丰富空间配色的层次，也增添了一些活力感。

复古、活力

复古、艺术

5. 祖母绿

天生便带着贵气的色彩，连名字都来源于珍贵的宝石。不同于青翠欲滴的鲜嫩绿色，也不是那内敛沉稳的深灰绿色，而是在深邃中掺杂着新鲜的活力，亦新亦沉的魅力，如果被运用到室内设计之中，便成就了低调的奢华感。

澄澈空间，映出一片浓郁

祖母绿就像一阵可以化开酷暑的细雨，滋润着土地，洗刷着空气，给温馨的家园带来无尽安慰。在以灰白色调为主色的空间中，一抹浓郁的祖母绿往往能令人心旷神怡，遐思无限。若在地面或是家具中运用浅木色调，则可以让空间最大限度地回归质朴的自然，装扮出一个小型的室内桃源。

浓郁、质朴

浓郁、自然

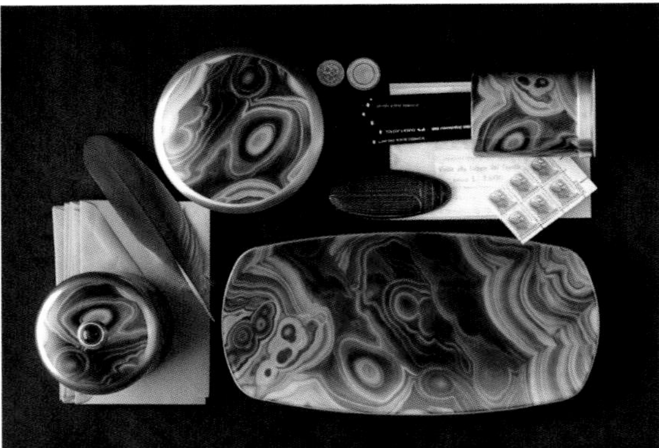

浓厚内敛的精致情怀

黑色的深沉和咖色的沉稳，可以将祖母绿的贵气衬托而出，不必要特别大的面积搭配，仅仅是小小的点缀，也能让氛围变得更加精致化，在这之中白色也是维持氛围不会变得沉闷的重要色彩。

精致、内敛

6. 墨绿色

浓郁但又不失生机的墨绿色，是一种独特而又复古的色调，恰到好处地介于复古和时尚之间；它是郁郁葱葱的森林色彩，把绿色系的生机暗藏于内，不动声色之中尽显高贵与大方。墨绿色沉稳质朴，平和的色调十分适合在室内大面积使用。

高雅、深邃的复古家居

深色调的墨绿色少了清爽的感觉，但多了份深邃的气质，优雅的韵味逐渐被激发。与红色搭配，迸发而出的冷艳、高贵气质，一下就能击中人心。而优雅、含蓄的棕色调，在这两种色彩之间，是最佳的辅助配色，既保留了复古、高贵的气质，又增添了一份清透之感。

复古、含蓄

复古、艺术

复古、品质

不显于外的含蓄代言

墨绿色浓重、古典，它不仅连接着自然，也在梦和遐想中连接着古老的森林，唤醒最原始的悸动。这种色彩若与咖啡棕碰撞，原本并不夺目的两个色彩一下就变成了含蓄、内敛的代名词；若在其间点缀一抹淡雅的灰蓝色，则为原本略显沉闷的空间增添一抹清爽韵味。

含蓄、理性

7. 水葱色

略带蓝调的色彩，温柔得像一首流淌的十四行诗，这就是水葱色。轻盈、通透的色彩质感温婉动人、仙气飘飘，似乎将人带入一个梦幻的世界。在家居中大量使用，不仅令人在视觉上得以缓解，同时也能让人如坠梦中，感受自然世界的美好、和谐。

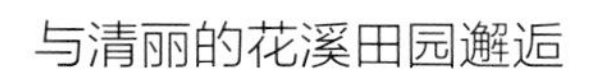

与清丽的花溪田园邂逅

水葱色作为整体墙面配色，将自然的美好气息引入家中。辅以干净的白色，清新、透亮的气质一览无余。而木色的出现，则负责平衡过多浅淡色调带来的轻佻感，同时引用光线，使空间更显明亮、柔和。在如此清丽的“花溪田园”之中，可尽享慢生活的闲适。

清丽、自然

清丽、沉静

一见倾心的文艺之居

相比青翠欲滴的草木绿，不张扬、不夺目的水葱绿反而是清雅、文艺家居的必备。当整个墙面或家具都采用水葱绿时，这种干练、率性的气质令人为之倾心，而沉默不语却暗自散发质感的浅灰色，在水葱绿的配比下则显得更有光泽。

文艺、现代

文艺、舒适

文艺、高级

文艺、清雅

8. 孔雀绿

白居易在《忆江南》中写道“春来江水绿如蓝”，春风吹拂的满江绿水，就像青青的蓝草一样绿，这样呼之欲出的色彩描绘，令人身临其境，领略无尽的江南美丽春色。如若想把这绿如蓝的春色带回家，那么孔雀绿一定是最好的选择，它能给家里带来迷人的春之气息，为你找回自然的魅力。

精致、内敛的品质之家

比水葱绿深了一个层次的孔雀绿，更显精致、内敛，如同被阳光照亮的水域，冷静而甜美。若将孔雀绿作为室内的主要配色，再利用白色进行搭配，整个空间即刻变得清透而干净。其间点缀上红色细节，与绿色形成视觉冲击，增加了空间记忆度。

精致、潮流

精致、轻奢

精致、艺术

悠闲、惬意的自然之色

孔雀绿可以搭配出静谧而富有诗意的空间，与白色、黑色组合，带来一个无比清幽、无人叨扰的独立世界。而柔和的木色以及绿植，这些元素与生俱来的自然、温馨属性，最适宜打造田园感觉的家居氛围。

自然、温馨

自然、治愈

自然、舒适

六、蓝色

蓝色是三原色之一，对比色是橙色，互补色是黄色。蓝色给人博大、静谧的感觉，是永恒的象征。

蓝色为冷色，是和理智、成熟有关系的颜色，在某个层面上，是属于成年人的色彩。但由于蓝色还包含了天空、海洋等人们非常喜欢的事物，所以同样带有浪漫、甜美色彩，在家居设计时也就跨越了各个年龄层。蓝色在儿童房的设计中，多数是用其具象色彩，如大海、天空的蓝色，给人开阔感和清凉感；而在成年人的居室设计中，多数则采用其抽象概念，如商务、公平和科技感。

在居室空间配色中，蓝色适合用在卧室、书房、工作间，能够使人的情绪迅速地镇定下来。在配色时可以搭配一些跳跃色彩，避免产生过于冷清的氛围。另外，蓝色是后退色，能够使房间显得更为宽敞，在小房间和狭窄房间使用蓝色，能够弱化户型的缺陷。

蓝色常见色值

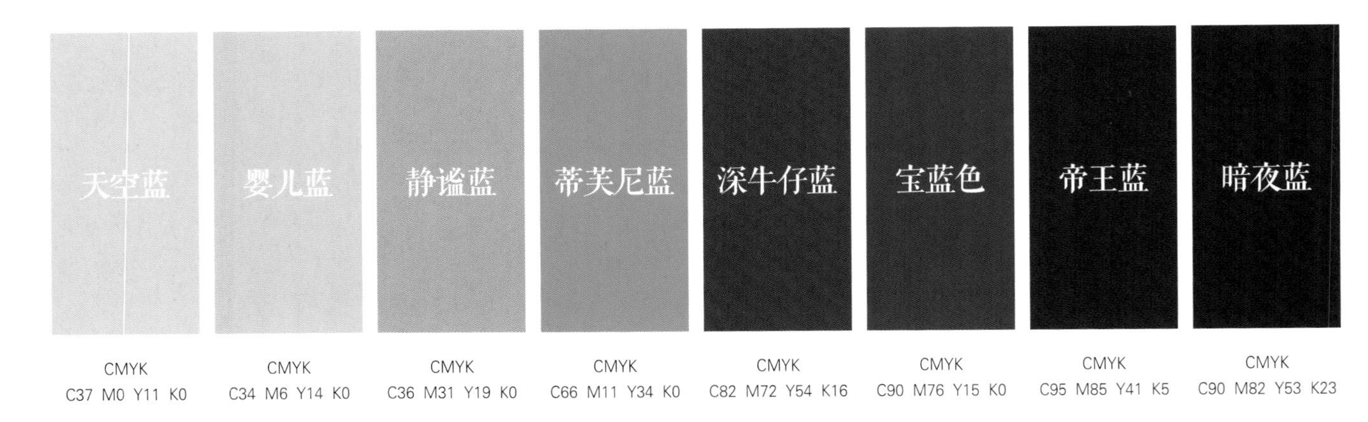

空间意向关键词与配色方案

1. 天空蓝

天空蓝代表着纯净与透彻，轻快、明朗的色感显得分外轻盈，与生俱来的文艺、小清新气息扑面而来。这样清淡、素雅的色调带着唯美抒情的画风，给人以自然舒适的清爽视感，以及飘逸、轻盈的切身感受，将其带回家，铺洒在墙上、家具上，平和、清爽就样轻柔地蔓延开来。

元气满满的清新活力

明亮的天空蓝作为主色，传达出浪漫氛围所需要的梦幻感，而高明度的亮黄色跳跃着的“步伐”，并无规律可言的出现方式，反而比大面积平铺来得让人惊喜。在如此明朗、纯粹的色彩搭配之间，运用白色进行连接，将愉悦、爽朗的好心情悄无声息地漫溢在心间。

活力、童趣

活力、清新

活力、女性

恬静、优雅的清透空间

清透、柔和的天空蓝，让人感到轻松与舒心，最适宜打造平和宁静、纯净治愈的生活空间。将其大面积用于居室背景铺陈，结合白色的搭配使用，即使是最简单的两个色彩组合，也能使整个空间中充满优雅、恬静之感，给人耳目一新的视觉感受。

清新、治愈

清新、恬静

清新、优雅

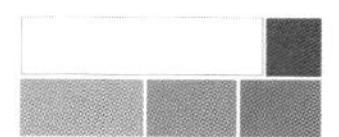

2. 婴儿蓝

恬静、浪漫的婴儿蓝，好似清透天空中一片淡薄的云，空灵的观感与优雅的气质完美交融，带来清纯明丽的柔情与惬意，为时下浮躁的人们注入一剂荡涤心灵的甘润鸡汤。淡然的色调十分适合用于家居背景的打造，酝酿着一份温柔与轻盈，为你找回最初的安全感。

一尘不染的优雅之境

将婴儿蓝作为室内设计中的大面积配色，可以奠定出优雅的空间氛围，再利用灰色和白色进行搭配，使整体空间温柔中不失高级感；细节之处的点缀色最好采用明度和纯度均较低的草木绿和鹅黄色，尽显温柔、有氧气息。

优雅、纯净

优雅、舒适

轻舞飞扬的童趣

婴儿蓝非常适合作为儿童房的主体色彩，轻柔的色调与孩童的绵软十分契合；再将适量白色与木色糅入到配色设计之中，奠定空间的温润基调。为了避免配色过于单调，可将马卡龙色大量用到布艺之中，尽显活泼、童趣。此种配色同样适合追求清雅不失童趣的空间设计。

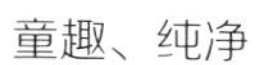
童趣、纯净

童趣、欢快

童趣、温柔

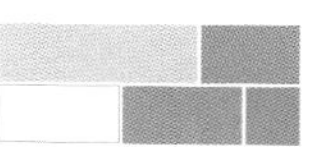

甜美、治愈的少女梦境

淡雅的婴儿蓝作墙面背景色，渲染出清爽的基调，再利用不同纯度的蓝色进行搭配，更显清爽感。若同时加入白色调剂，则有了洁净、干净的视觉效果。而那一抹甜美、梦幻的樱花粉，强势激发出婴儿蓝所具有的文艺又浪漫的因子，将空间打造成一个充满治愈力量的少女梦境。

治愈、梦幻

治愈、浪漫

治愈、唯美

3. 静谧蓝

坐在盛夏清晨的窗边，微风吹动的风铃叮叮当当，就像冰块碰撞的声音，充满了丝丝凉意。抬头远望，天际的那一抹便是静谧蓝。这样美好的色彩，十分适合在家居空间中大面积使用，能够传递出温暖、宁静的空间感受。

云淡风轻的梦幻空间

静谧蓝如同微风吹过的天际，世界的嘈杂通通被吹跑，四周的一切变得安静起来，连着心也变得温暖而宁静。将清雅、悠然的静谧蓝布于家居中的墙面，或大面积的家具之中，都极好不过。与白色搭配可以彰显整洁、宽敞、明亮的基调；点缀上几笔或冷或暖的色彩，则多了几许灵动。

梦幻、灵动

梦幻、舒适

梦幻、静谧

4. 蒂芙尼蓝

黑色的小礼服，暗金色的秀发被高高盘起，黑色丝绒的长手套勾勒出优雅的曲线，在她的眼中，那一抹游离在蓝色与绿色之间的色彩，是珍贵与幸福的象征，是所有感动、喜乐瞬间的见证，这个传递着幸福甜蜜的颜色，十分适合家居主色的打造，传递着爱与幸福的力量。

纯净之初的生命之美

清纯的色彩、美好的寓意，有蒂芙尼蓝存在的地方，永远聚集着令人心动的目光。将蒂芙尼蓝用于儿童房的设计中，未经污染的色调与孩童的天真、纯净不谋而合。而同样具有纯净属性的白色，则是蒂芙尼蓝的绝好搭配。

纯净、轻柔

纯净、简洁

明快、优雅的别样风情

蒂芙尼蓝温婉、柔美的外表，像是裹着蜜粉的马卡龙甜点，象征着难以言说的浪漫，清晰呈现着有关甜蜜的箴言。在空间设计中，若用稳重质朴的木色将蒂芙尼蓝具有的高贵因子紧裹其中，在灵动多彩色点缀的推动下，可以带来优雅又不失活泼的视觉诱惑，丰富空间的层次感，使空间散发出高贵、明快的吸引力。

优雅、别致

优雅、活力

优雅、品质

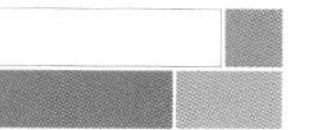

5. 深牛仔蓝

19 世纪的美国西部，黄色的土地上到处都充斥着身着蓝色服饰的牛仔，这些怀着野心与梦想的人们，不辞辛劳地挖掘着属于自己的财富。他们身上所特有的蓝色也拥有了一个专属的名称“深牛仔蓝”。这种色彩在家居设计中无论是作为背景色，还是主题色，抑或强调色，都可以在优雅、低调的质感中，营造出一份触及心底的恬适与惬意。

许一片沉静，共相守

带有深色调的牛仔蓝，具有深沉、稳重的视感，与同样沉稳、质朴的棕色系搭配，能够带来抚慰心灵的温柔力量与优雅质感。再以白色调和，可使空间氛围平和却不死气沉沉。这三种颜色的组合，如同天空、白云与大地的缩影，自成一派令人心动的风景。

沉静、舒适

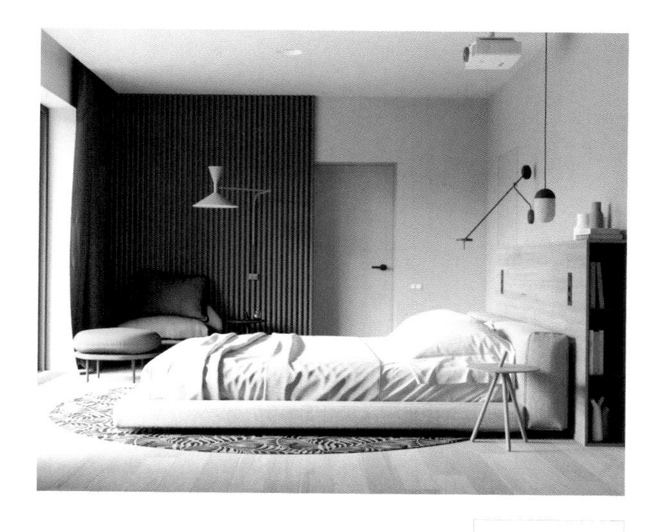

沉静、雅致

沉静、理性

6. 宝蓝色

将典雅、华美气质推向极致的宝蓝色，汇集了所有时代精神和艺术大成。它轻盈华丽、柔美醉人、魅惑优雅且极尽奢华。当夺目的蓝色风暴席卷家居设计之中，具有高度的时尚敏感性的宝蓝色迅速在家居空间中得以蔓延，渲染出落落大方的轻奢韵味。

轻快的奢华之韵

当宝蓝色的优雅高贵遇上金色的精致堂皇，可以奠定奢华高贵的空间氛围，一冷一暖的对比搭配，将蓝色的冷淡和金色的温暖冲淡，仅留下恰到好处的精致奢华感，不会太过强烈而变得沉重老气，而是更有轻快优雅的奢华感。

奢华、高贵

奢华、典雅

奢华、深韵

挑拨起的含蓄也柔情

于时光的荒野里，高贵的宝蓝色如流深的湖水，在纷繁的尘世间独自寂静欢喜，不为尘世的一切所动，只求自身的丰盈。能与这种色彩进行搭配的颜色，可以高贵，但不能嘈杂。于是温润木色的出现，柔和了宝蓝色的疏离；纯净白色的加入，拨动了宝蓝色的温柔情愫。

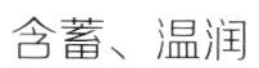

含蓄、温润

含蓄、优雅

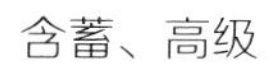

含蓄、高级

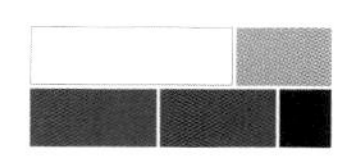

7. 帝王蓝

把纯净的蓝色与少量沉默的黑色混合，当你以为它是黑色时，那深邃的黑色中又透着幽幽的蓝色光泽；当你以为它是蓝色时，那不能忽视的黑色影子又时时出现，它带着如蓝又若黑的神秘，颇有分量地带来大气与典雅的氛围，十分适合男性空间的设计使用。

经典之下的时尚活力

帝王蓝与白色搭配是不会出错的标配，在这样经典的配色之上能够锦上添花的点睛之笔，莫过于亮黄色。原本简单得甚至有点沉闷的空间，仅用一点点的黄色点缀，就能够焕发出时髦的活力，既不会打破稳重的高级感，又不会过于沉闷。

时尚、品质

时尚、神秘

时尚、艺术

低调霸道的典雅气质

帝王蓝作为空间背景色搭配黑色主色，低明度的色调配搭，奠定着空间沉稳、冷静的基调。黑色的出现将帝王蓝映衬得更加典雅大方，帝王蓝的优雅也将黑色表现得更加大气。此外，再搭配上白色作为配角色，一下将层次分出，展露着极致的优雅气质。

大气、典雅

大气、沉稳

8. 暗夜蓝

夜晚的天空并不是如墨般的黑色，那只是诗人笔下夸张的比喻，如果仔细去看，这是一种带着淡淡蓝色的黑色，更像是把黑色的墨水洒在天蓝色的天空中，然后成为了这寂静的夜晚。就如这夜空一般，暗夜蓝同样充满了沉默而理智的疏离感，在室内大面积使用，可以打造出如夜晚般成熟、冷静的氛围。

具有坚毅感的理性空间

以暗沉的蓝色作为背景色，能够凸显出坚毅、硬朗的空间特点。同时利用棕色系搭配暗夜蓝，增添兼具亲切感和理智感的氛围。最后加入白色进行调和，营造出具有温馨感和力度感的基调，使空间配色统一而具有层次感。

理性、坚毅

理性、硬朗

理性、沉稳

七、紫色

紫色由温暖的红色和冷静的蓝色调和而成，是极佳的刺激色。在中国传统文化里，紫色是尊贵的颜色，如北京故宫又被称为“紫禁城”；但紫色在基督教中，则代表了哀伤。

紫色所具备的情感意义非常广泛，是一种幻想色，既优雅又温柔，既庄重又华丽，是成熟女人的象征，但同时代表了一种不切实际的距离感。此外，紫色根据不同的色值，分别具备浪漫、优雅、神秘等特性。

在室内设计中，深暗色调的紫色不太适合体现欢乐氛围的居室，如儿童房；另外，男性空间也应避免艳色调、明色调和柔色调的紫色；而纯度和明度较高的紫色则非常适合法式风格、简欧风格等凸显女性气质的空间。

紫色常见色值

CMYK
C24 M41 Y11 K0

CMYK
C73 M82 Y0 K0

CMYK
C72 M95 Y64 K46

CMYK
C67 M73 Y46 K3

CMYK
C72 M68 Y31 K2

空间意向关键词与配色方案

1. 薰衣草紫

六月的普罗旺斯被淹没在紫色的海洋之中，幽幽的淡紫色小花，在风浪中泛起紫色的波涛。一阵阵香味蔓延在喧嚣中，让人流连忘返的不光是薰衣草，还有那被香气变幻成紫色的天空。薰衣草紫带有紫色的高贵，又给人以幽香，是一种受女性青睐的色彩，常在一些以女性为受众的空间中看到，即使大量使用也无妨。

法式浪漫的女性化空间

家居中仅用薰衣草紫与象牙白两种色彩搭配，就足以打造出充满法式浪漫情调的女性空间。象牙白温润的色感，奠定了空间优雅的基调；薰衣草紫独有的浪漫属性，穿梭于象牙白之间，你中有我，我中有你，情深而不语。

浪漫、优雅

浪漫、梦幻

2. 极光紫

当我们越来越追求自我个性与独立态度时，这款充满外太空深感的极光色便成为了主流趋势。它明丽的色调与深邃的特质可以强烈地凸显个性，展现出独特而强烈的视觉刺激效果。极光紫的搭配并不困难，实际上也很百搭，无论是搭配大量的暖色还是冷色，色彩的冲击力都会相对较小，所营造的空间氛围也更自然宜居。

神秘奇幻的艺术乐园

当神秘的极光紫遇上冷静的代尔夫特蓝，营造出冷绝的室内氛围，这样的冷静感并不使人疏远，反而带着一丝奇幻，愈加令人想要一探究竟。突然出现的玫红色，如同闯入视线之中的精灵，空间的神秘感又加了一层。

神秘、艺术

神秘、个性

充满张力的个性之家

红色与绿色的鲜明撞色，赋予空间强烈的个性。在这样激烈的氛围之下，将明艳的极光紫加入，强烈的视觉冲击变得更加深邃，虽然冲击效果相对减弱，但多了不同的韵味，令空间充满了张力。

个性、艺术

个性、张力

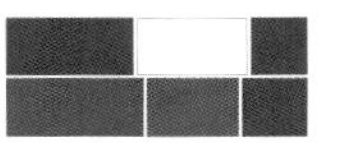

纯情的浪漫空间

明艳的极光紫与白色搭配，将浪漫与纯真糅合，既有少女般的天真、纯洁，又不乏成熟、浪漫的情志。如若将极光紫运用到软装布艺之中，来装点白色空间，则增添了明丽、浪漫的情绪，整个空间都变得更加女性化起来。

浪漫、活力

浪漫、纯净

浪漫、简洁

浪漫、精致

3. 紫水晶色

虽然看上去柔弱多情，内心却是坚强独立，就如紫水晶一般，在闪烁着浪漫美丽的光彩之下，拥有的却是坚硬的态度，就像品质优良的美丽女性，把浪漫与独立结合，成为珍贵而又独特的自我。紫水晶色也是一种给人稳定感的色彩，在室内设计时可作为主角色使用。

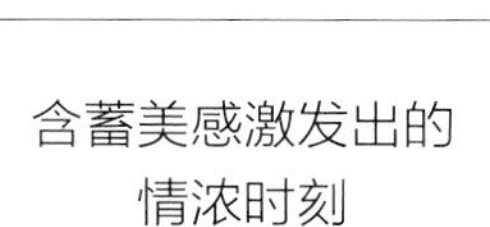

含蓄美感激发出的情浓时刻

白色与棕色系为基调的空间，散发出自然、质朴的味道。但当紫水晶色加入之际，一切都变得与众不同。紫水晶色用它那动人心弦的美，演绎深沉，诠释魅力，激发出白色与棕色的含蓄美感，轻语空间不朽的诗意，陪你静静度过漫长岁月。

含蓄、质朴

含蓄、理性

现代个性中的戏剧张力

紫水晶色所蕴含的浓郁色泽和所包涵的戏剧张力毋庸置疑。使用它作为空间背景色时，可以凸显浪漫、深邃的气质。若选用魅影黑以及净白色与之搭配，可以轻易打造出时尚、摩登的效果。整个空间在保留神秘与浪漫的同时，也增加了现代个性。

个性、摩登

个性、时尚

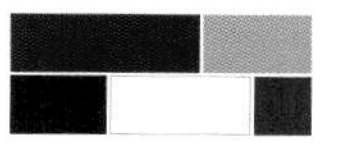

层次化的同类色浪漫

大面积使用紫水晶色，再加入净白色作调剂，可以使空间看上去清爽、雅致。点缀色为玫红色系，同类型配色的方式，既能与紫水晶色共同渲染空间尊贵、高雅的氛围，也不会显得凌乱，同时可以将空间浪漫的情愫加以层次化的展现。

浪漫、艺术

浪漫、雅致

4. 灰紫色

带有灰度的紫色，还蕴含着红紫色的余温，依然能够感受到一股浪漫的气息扑面而来。但是，这样的灰紫色已没有了亮紫色的强烈对比和刺激，给人更温和的视觉感受。搭配做旧的室内造型，能够渗透出复古情调，但在使用时不适合大面积的搭配。

触手可及的优雅情调

大面积的白色或灰色的背景下，灰紫色便不会显得那么沉闷，反而有种复古的旧感；再搭配上棕色系和绿色系这两种自然质朴的色彩，让整体的氛围不只停留在浪漫与优雅之中，还增添了触手可及的真实感。

优雅、自然

优雅、清爽

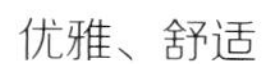

优雅、舒适

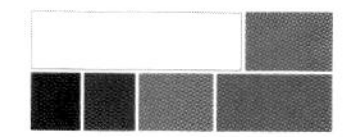

5. 佩斯利紫

佩斯利紫是一种舒缓而浪漫的紫色，大气与尊贵之间又透显着一份不能忽略的舒适感。在你看到它的一瞬间，心情即刻变得愉快起来。同时，这是一种来自自然的色彩，非常纯净而新鲜，当它与灰色、棕色等装饰单品进行搭配时，更能彰显出迷人的即视感。

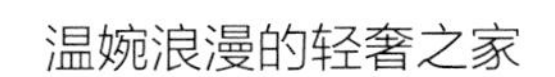

温婉浪漫的轻奢之家

作为一款色调轻柔的组合配色，净白色与佩斯利紫可以展现出轻熟女性的少女情怀，如同忆起年少时的梦境，纯粹而令人动容。温婉的色彩组合勾勒出轻奢的轮廓，联合着木色的梦幻，奏响了一曲甜蜜的乐章。

轻奢、浪漫

不失浪漫的质朴空间

不同于贵族庭院的高贵、奢懿的氛围，熟褐色与佩斯利紫的组合，更像是法式乡村里普通的农家小院，没有了高高在上的不可触摸，反而多了一些平易近人的亲切。深厚的褐色所具有的泥土一般的沉稳质感，将佩斯利紫的优雅矜持一层层地剥离，就这样毫无保留地呈现在你面前。

质朴、平和

质朴、优雅

质朴、柔和

八、褐色

褐色又称棕色、赭色、咖啡色、茶色等，是由混合少量红色及绿色、橙色及蓝色或黄色及紫色颜料构成的颜色。褐色常被联想到泥土、自然、简朴，给人可靠、有益健康的感觉。但从反面来说，褐色也会被认为有些沉闷、老气。

在家居配色中，褐色常通过木质材料、仿古砖来体现，沉稳的色调可以为家居环境增添一份宁静、平和及亲切感。

由于褐色所具备的情感特征以及表现的材料，使其非常适合用来表现乡村风格、欧式古典风格以及中式古典风格，也适合老人房、书房的配色，并且可以较大面积使用，带来沉稳感觉。

褐色常见色值

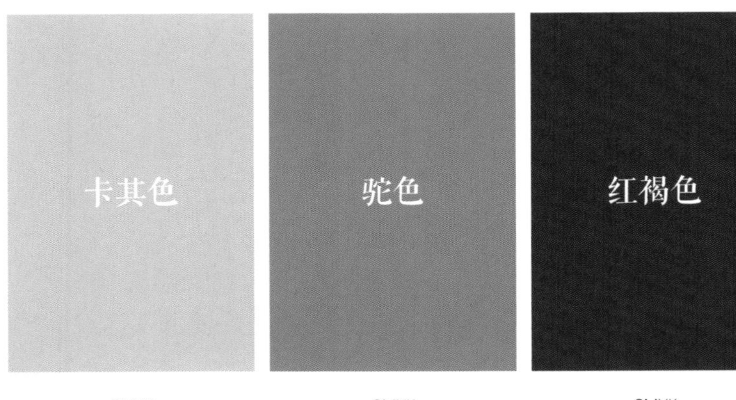

卡其色	驼色	红褐色	咖啡色
CMYK C22 M24 Y24 K0	CMYK C49 M54 Y58 K0	CMYK C56 M86 Y94 K39	CMYK C72 M78 Y84 K57

空间意向关键词与配色方案

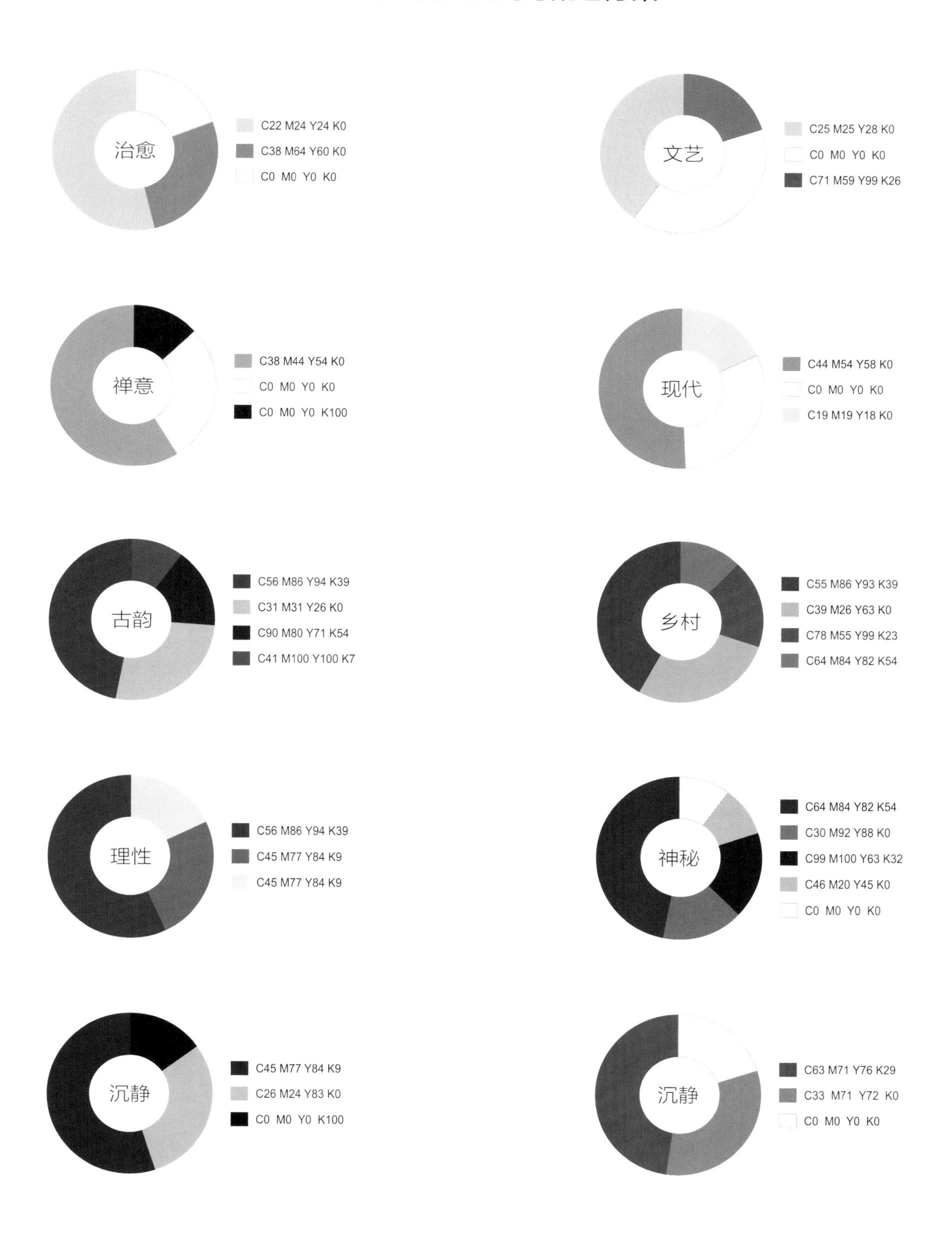

1. 卡其色

起初，卡其色是英国热带地区制服特有的颜色。这种介于浅黄褐色和中浅黄褐色之间的颜色，像极了醇厚香甜的可可，又像极了苦涩回甘的咖啡，或许就是这样醇厚的中性色调，才能被大面积地涂刷在家居之中，创造出舒缓优雅的环境。

舒缓身心的治愈之家

温馨、低调的卡其色永远不会让家显得呆板，不论是在卧室里，还是在客厅中，卡其色的出现一定能让空间变得舒适、放松。运用亮白色与之搭配，再结合同色系的褐色，不仅可以为空间色彩带来平衡，而且能够营造出沉着、自然的氛围。

治愈、温暖

治愈、平和

简单居家的文艺气息

卡其色搭配冷色系，可以产生醒目而镇定的效果，这种配色很适合追求简单居家生活的人群。卡其色带来的放松和冷色系具有的沉静，融合在一起，弱对比的反差，如枯木逢春般营造出生动、鲜明的文艺气息。

文艺、活力

禅意满满的舒缓之地

卡其色与白色搭配，不仅适合舒缓、放松氛围的营造；适当调整卡其色的色调时，也能够创造出充满禅意的居室氛围。间或以黑色进行点缀，加深平和、深邃的感觉，使禅意气息更加深刻、鲜明地进行表达。

禅意、平和

禅意、治愈

2. 驼色

荒远僻静的大漠，被阳光烤得发红的沙砾，与背阴处的深棕色沙砾形成深浅明显的分界线；遥遥远处的驼铃有规律地回响着，大漠中孤独的鹰鸣，在这沉静的大漠中也变得平和。就像那沉静的大漠一般，当驼色被运用到家居中时，不论是大面积运用，还是小面积点缀，都能带来温暖、平和的感觉。

倾泻而出的现代趣味

驼色与白色的搭配是经久不衰的温暖配色，在这样舒适、自然的氛围中，加入冷静、理智的灰色调，可以增添几分现代感，在视感上营造出悦动的感官体验，将居家生活的时代趣味倾泻而出。

舒适、质朴

舒适、现代

3. 红褐色

糅合了红色和黄色的红褐色，带有天生的温暖与质朴感，常常令人联想到泥土、古木、简朴与自然。将这种接地气的色彩带入到家居设计之中，醇厚、内敛的色泽不刻意、不庸俗，自带的温雅气质在塑造出的闲适氛围里尽情释放，带来一场堪称经典的视觉盛宴。

新旧交融的古韵居室

褪掉红色的刺激与张扬，舍去黄色的明快与活跃，呈现出一种低调诱人的红褐色，大面积使用在空间之中，营造出极富韵味的传统古味，再与灰色搭配，为这传统韵味中增添现代之感，让整个空间不会只有古旧感，反而有着新旧交融的奇妙韵味。

古韵、生机

古韵、大气

古韵、质朴

自然悠闲的乡村家园

红褐色与绿色系的搭配，就像是长于土地中的树木，色调衔接过渡得十分自然，为整个居室注入了浓郁的生机与自然的鲜活感。将这种自然的配色组合带入到室内空间之中，使整个空间散发着自然的香气，打造出完全舒适天然的乡村风情，给人带来悠闲自如的感觉。

乡村、悠闲

乡村、舒适

硬朗、粗犷的理性之居

大面积的红褐色亦可以营造出硬朗、粗犷的氛围，通过不同材质的表现，呈现出不一样的感觉。当红褐色与砖墙碰撞到一起时，红褐色中的传统因子被减弱，转化成粗犷的气质，给人带来一种男性的硬朗气息。

理性、硬朗

理性、利落

理性、浓郁

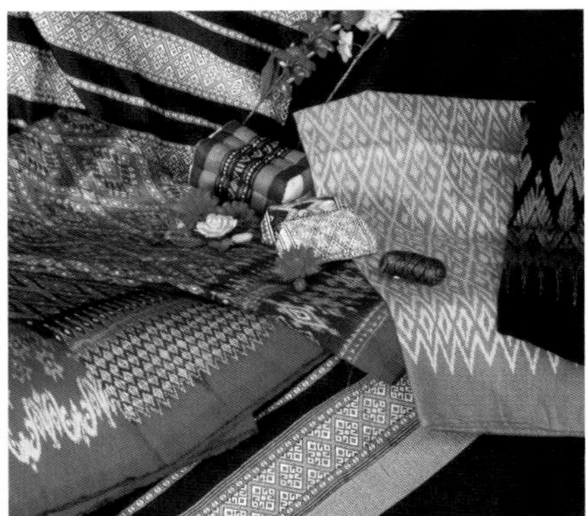

神秘、悠远的异域风情

孔雀蓝的轻盈，玫红色、朱红色的热情，浓郁的色彩组合打造出神秘的异域风情。红褐色的大面积铺陈，将绚丽的色彩进行糅合、兼容，去掉了一丝浮躁，增添了几许厚重。再结合白色调的清透，使整个家居配色层层递进，展现出醉人的魅力。

神秘、绚丽

神秘、沉稳

4. 咖啡色

将精心挑选的咖啡豆放入咖啡机中，看着它们被打碎研磨成粉，这种被碾压后保存下的香醇，即便带着苦涩的酸味，却有着令人难忘的甘甜，将这种矛盾又丰富的味觉保留到色彩之中，带到居室里，可以营造出低调、陈厚的氛围。

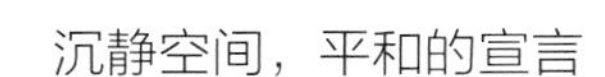

沉静空间，平和的宣言

深色调的咖啡色是美妙而浓重的自然色，会使人联想到木材与岩石，营造出深厚大气的环境氛围；再以饱和度略低的黄色系搭配，以最平和的方式增加空间的色彩层次，在不影响整体平静的氛围下增添活力。

沉静、活力

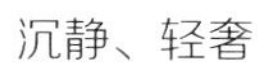

沉静、轻奢

沉静、典雅

细品有余味的沉静居室

正如咖啡色这个名字一样，其低调的属性能够在细细回味之余，令人在不经意间收获内心的安定。将其运用在家居设计之中，选择搭配朱红色，为居室环境注入了悦动因子，营造出一个既沉静又温柔的室内基调。

沉静、低调

九、白色

白色是一种包含光谱中所有颜色光的色彩，通常被认为是“无色”的。白色代表明亮、干净、畅快、朴素、雅致与贞洁，同时白色也具备没有强烈个性、寡淡的特性。

在所有色彩中，白色的明度最高。在空间设计时通常需要和其他色彩搭配使用，因为纯白色会带来寒冷、严峻的感觉，也容易使空间显得寂寥。例如，设计时可搭配温和的木色或用鲜艳色彩点缀，可以令空间显得干净、通透，又不失活力。由于白色的明度较高，可以在一定程度上起到放大空间的作用，因此比较适合小户型；在以简洁著称的简约风格以及以干净为特质的北欧风格中会较大面积使用。

白色常见色值

奶油白	米白色	象牙白
CMYK C2 M1 Y1 K0	CMYK C11 M9 Y11 K0	CMYK C14 M11 Y19 K0

空间意向关键词与配色方案

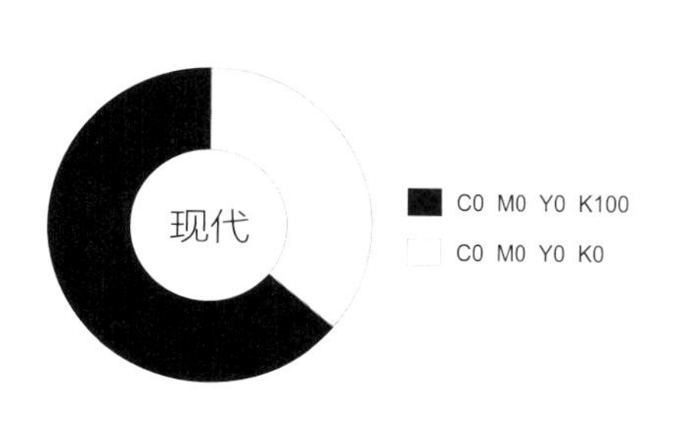

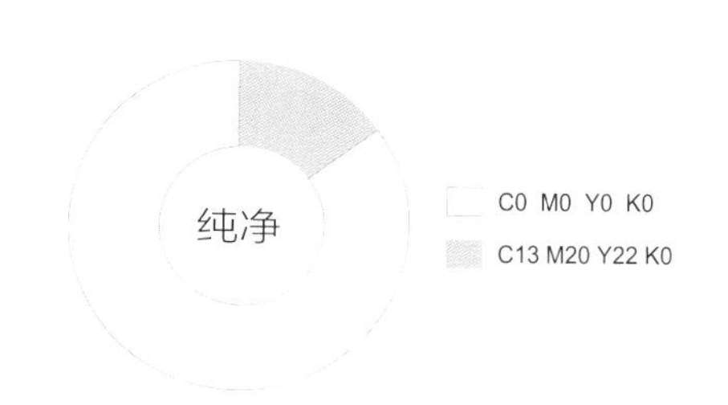

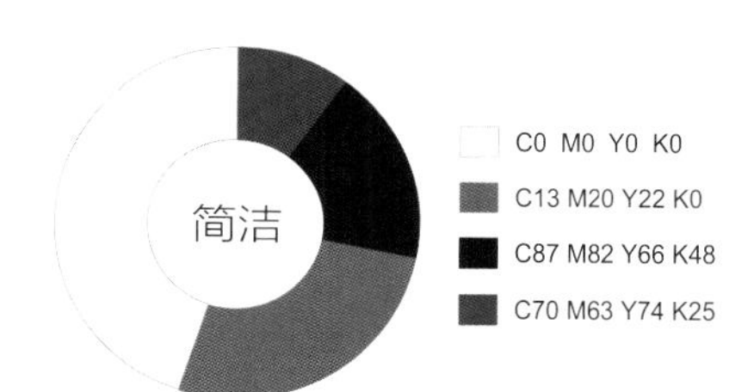

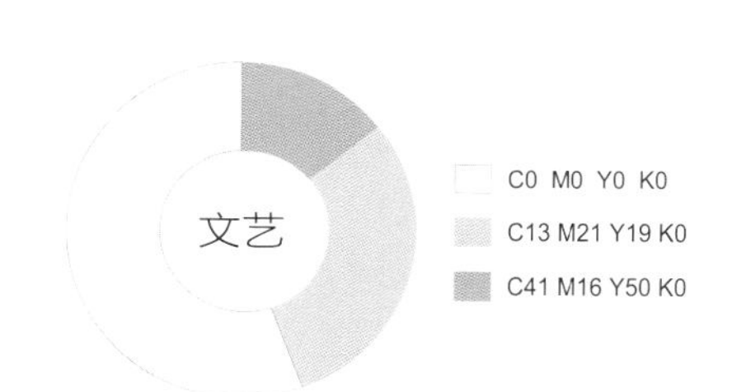

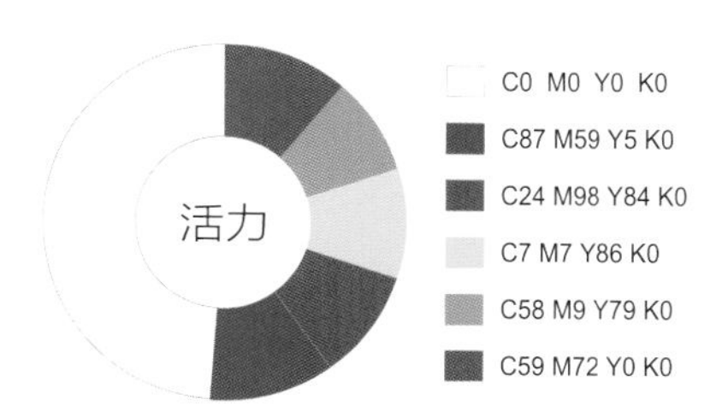

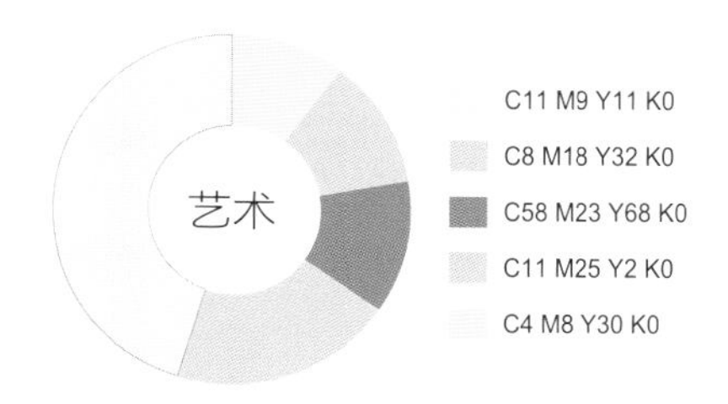

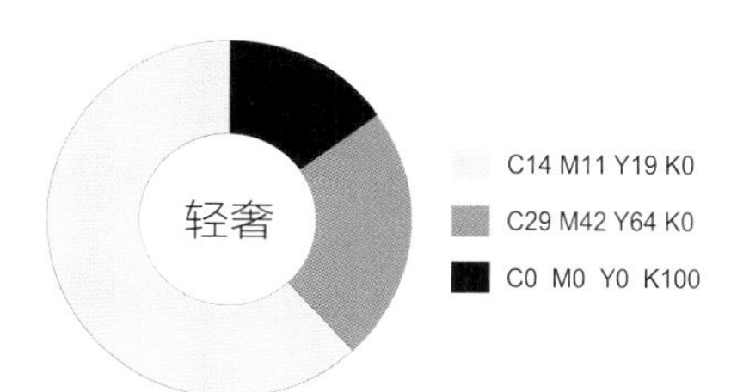

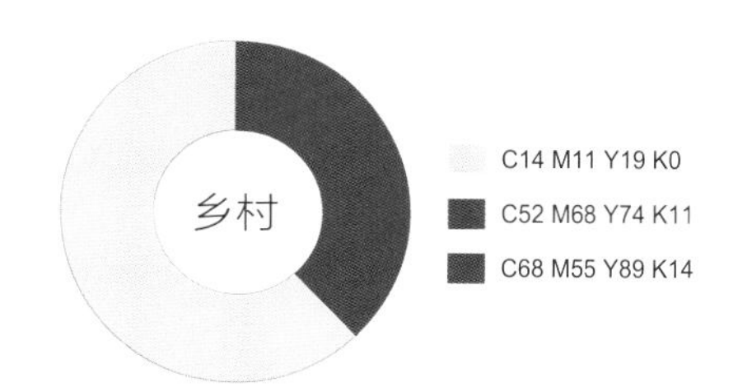

1. 奶油白

有时候生活就像融化了的冰淇淋蛋糕，总会有美好的遗憾，但那香甜的味道和干净的口感，还是会留下愉快的回忆。看似单调的奶油白色，却有着无限的可能，将其运用到室内设计之中，可以带来令人惊喜的多样化氛围。

经典的现代都市风范

黑色是明度最低的色彩，具有绝对的重量感，用它作为配色，能够强化现代、冷峻的感觉；白色作为明度较高的色彩，通过与黑色之间明度差的对比，彰显出了干练风范。黑色与白色的经典搭配，带来具有强烈都市气息的空间氛围。

现代、利落

现代、都市

现代、经典

简洁、纯净的舒适空间

奶白色是容纳力非常高的色彩，与任何颜色搭配都十分和谐。将其大面积地运用到空间设计中，其洁净的色彩属性，可以塑造出干净的氛围基调。但大面积奶油白的运用，容易出现寡淡、清冷的视觉观感，不妨运用少量木色平衡，增添空间的舒适度。

纯净、简洁

纯净、舒适

健康的简洁生活方式

奶油白作为背景色，使整个空间配色简洁、明了。魅影黑穿梭在其中，平衡了大面积素白空间产生的单调感。再将温和的褐色系铺陈到地面或家具之中，与整体基调形成微小的层次落差，目之所及处皆温柔。而将深深浅浅的绿色系用作点缀色，点染出一派生机勃勃的景象。

简洁、生机

简洁、质朴

简洁、都市

文艺的小资情调

以奶油白作主色，起到延展空间的作用，同时也能突出其他配色的质感。而淡山茶粉作为世间最令人沉沦的一抹温柔，带着一方从容与优雅，呈现出绝美的气度与质感；当那一抹清脆的绿出现在奶油白与淡山茶粉之间，令人在一呼一吸间，感受到满满的文艺小资情调。

文艺、优雅

文艺、温柔

具有活力的轻松家园

缤纷的彩色组合带来活力与生机，通过小面积、分散式的出现，在一派净白的空间中显得格外夺人眼目。这样的色彩搭配最适合出现在儿童房之中，白色凸显纯净，彩色营造活力。若想塑造一个充斥着趣味与轻松的居家环境，运用这样的配色也十分适宜。

活力、缤纷

活力、童趣

活力、趣味

2. 米白色

温柔、淡雅的米白色，如同海浪泛起的层层浪花，清凉的触感与洁净的观感完美融合，带来纯净又温和的梦幻氛围。这样含蓄、不直白的色调十分适合用于家居背景色之中，没有苍白空洞的感觉，只有温柔浪漫的意境。

徜徉于梦幻水晶之恋

淡淡的米白色如同一首流淌的十四行诗，轻盈又柔软地落入到家居之中，仿佛将人带入一个如梦如幻的世界。在这样的空间中，加入一些低明度的糖果色，将色彩融合得恰恰好，美好而纯净，温柔而多情。

梦幻、艺术

梦幻、文艺

3. 象牙白

华丽的裙服、浪漫的金棕色卷发、艳丽的珍贵珠宝，都比不上她洁白细腻的皮肤所呈现出的那一抹象牙白。不是空洞单调的苍白色，而是裹着柔和的银色，在灯光下能闪烁着微小光辉的色彩。这样让人迷醉的色彩，绝对是凝聚明媚、浪漫气质的最好选择。

品质编织轻奢生活

带着点点银色的象牙白，柔和的色泽里流露出温润的笑意，带着与生俱来的优雅蹁跹而来，为空间营造宽敞、明亮的基调。而同样承袭着金属色所特有的轻奢韵味的金色，在象牙白的凸显下，彰显出的品质感让人惊叹不已。少量黑色的出现，夹杂着一丝凛冽气质，起到了画龙点睛的作用。

轻奢、品质

平和舒缓的乡村之家

象牙白的大量使用令人在视觉上得以放松，搭配充满自然韵味的褐色系，用色彩渲染空间，强化了乡村氛围的舒适感，营造出更加放松的空间氛围。整个空间像微风吹拂过的田野一般，平静舒缓，抚平了躁动的心田。

乡村、舒适

乡村、悠然

十、灰色

灰色是介于黑色和白色之间的一系列颜色，可以大致分为浅灰色、中灰色和深灰色。这种色彩虽然不比黑和白纯粹，却也不似黑和白那样单一，具有十分丰富的层次感。

灰色给人温和、谦让、中立、高雅的感受，具有沉稳、考究的装饰效果，是一种在时尚界不会过时的颜色。许多高科技产品，尤其是和金属材料有关的，几乎都采用灰色来传达高级、科技的形象。

在室内设计中，可以大量使用高明度的灰色，大面积纯色可体现出高级感，若搭配明度同样较高的图案，则可以增添空间的灵动感。另外，灰色用在居室中，能够营造出具有都市感的氛围，例如表达工业风格时会在墙面、顶面大量使用。需要注意的是，虽然灰色适用于大多居室设计，但在儿童房、老人房中应避免大量使用，以免造成空间过于冷硬。

灰色常见色值

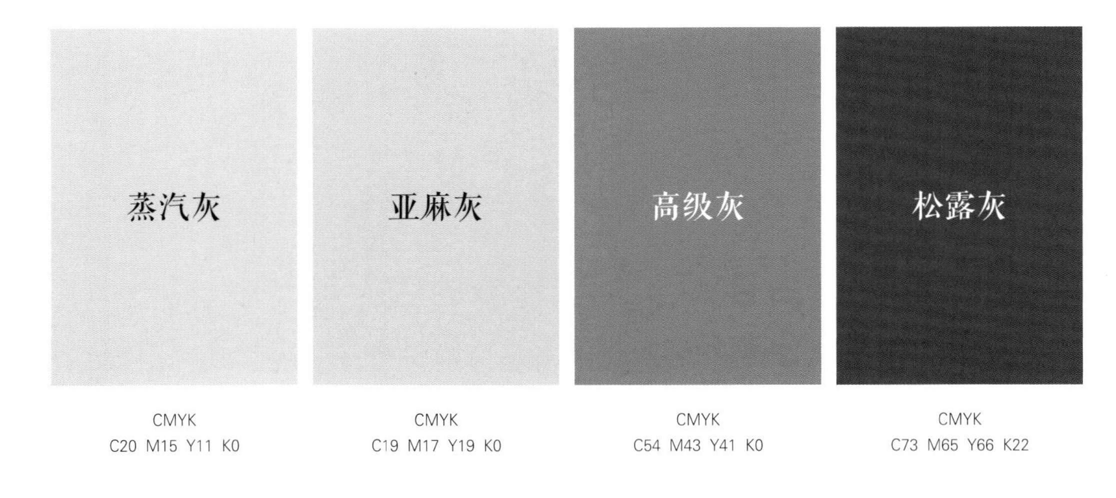

空间意向关键词与配色方案

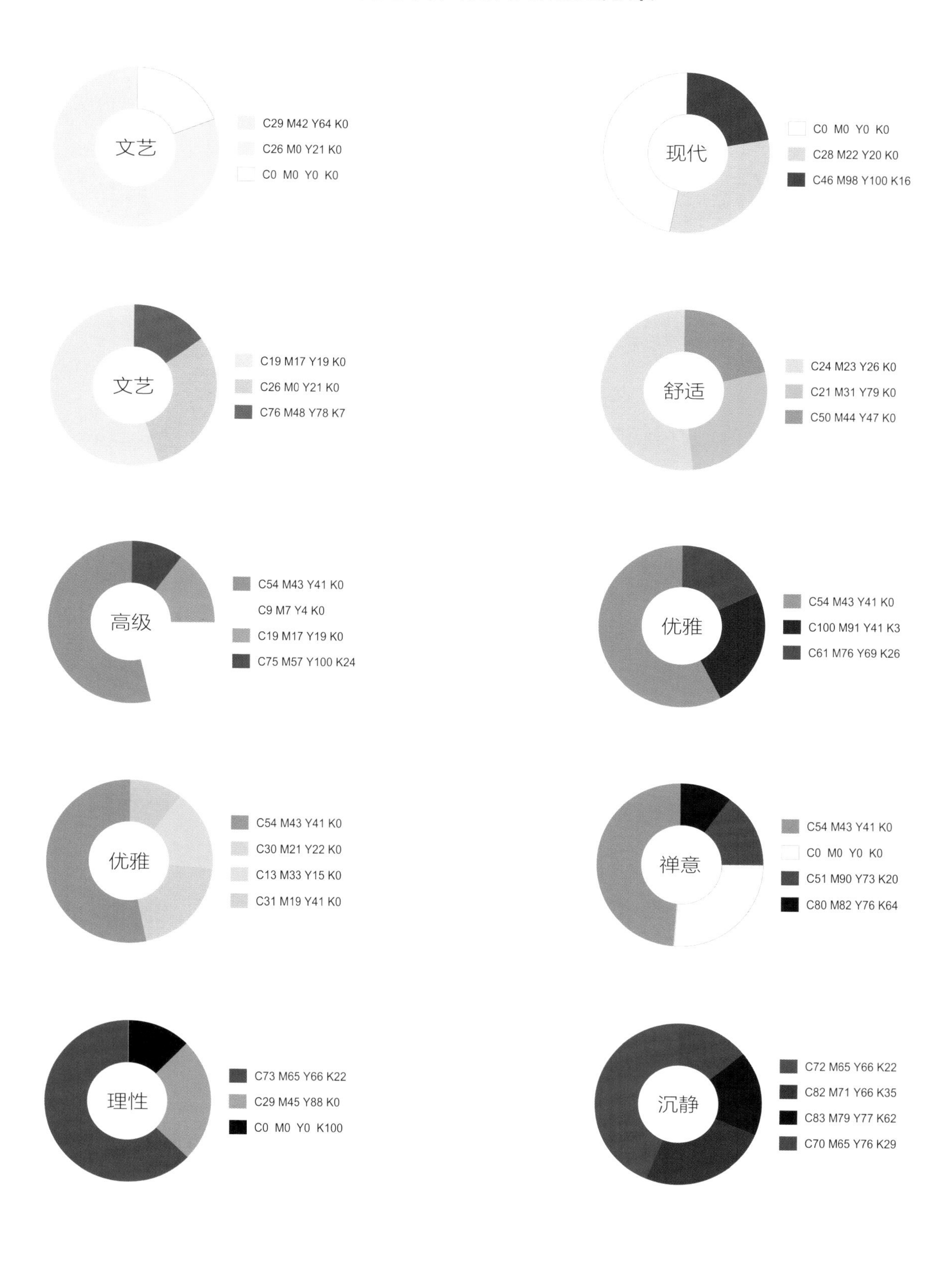

1. 蒸汽灰

蒸汽灰在灰色系中的明度较高，灵感来自工业革命时期水汽蒸腾、弥漫出来的朦胧图景。蒸汽灰素净、舒缓，轻盈的颜色带来如梦般的视觉效果，有一种让人入迷的魔力。在室内设计中，十分适合用于家居背景色或空间的主色，可以增加淡淡的高级感。

高级的文艺风

灰色的明度介于黑、白之间，运用到空间中能够强化时尚感，也能增添层次。当灰色的明度变高成为蒸汽灰时，这时则带有了一点儿暖色的特征，柔和与轻松的属性袭来，再搭配绿色系作点缀，充满了高级的文艺感。

文艺、轻柔

文艺、高级

文艺、现代

简约的都市现代生活

以蒸汽灰为主的室内配色降低了空间温度，使人感觉人工、刻板，充分演绎出了都市气息。适量白色的加入，提亮整个空间，整体居室氛围更加整洁、明亮。少量木色的点缀，则带来了一丝生活气息，更适合居住。

现代、简约

现代、明亮

2. 亚麻灰

平和、舒适的亚麻灰，就像儿时记忆中奶奶身上那件发旧的棉衣，总是在热气腾腾的蒸汽中穿梭的背影，给我们平和而安定的温柔力量。把这种力量重新带回室内，似乎就把平和、熟悉的味道注入空间之中，为我们的内心带来温柔、祥和的安抚。

文艺气质，不落俗套

亚麻灰雅致中略带一丝文艺，同时也具有一些慵懒的气息，为空间带来舒适与温暖。同时在空间中大范围应用不同明度的灰色进行搭配，增加层次，也可以更好地衬托其他色彩。比如绿色系的出现，不但颇有趣味，而且也为空间多注入了一线生机与活力。

文艺、生机

文艺、舒适

悠闲、舒适的平和氛围

以亚麻灰作背景色，黄色系作强调色，当清冷雅致的亚麻灰与明朗轻柔的黄色交织在一起，属性不同的两种色彩进行碰撞，使整个空间显得富有张力，视觉观感也变得舒适起来。这种收放自如的配色组合，既不高冷，也不张扬，随光线的变化令人沉醉其中，久久不能忘怀。

舒适、悠闲

舒适、明朗

3. 高级灰

高级灰的优雅与生俱来，柔软又充满了穿透力。它的色泽仿佛是海天交接吞吐的云雾，有着细腻的质感，也有着清冷的格调，是荡涤过铅华的颜色，表现出不同凡响的沉静感。这种色彩可以兼容任何颜色，却又独一无二，能够独揽整个空间。

遗世独立的高级感

沉静的高级灰显示出桀骜不驯、遗世独立的气质，可以令空间显得更加深邃，增添空旷而又辽远的意境。搭配白色，清新脱俗；兼容木色，自然温润；再来点绿色点缀，高级、深邃的色调中透着生机无限。

高级、现代

高级、脱俗

高级、品质

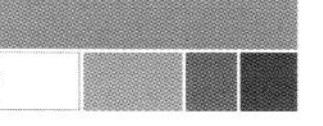

优雅的艺术之境

高级灰作为大面积的背景色，给空间奠定了雅致的格调，令其他色彩有了很大的发挥空间。宝蓝色的点睛运用，使整个空间仿若夜幕下的爱琴海，静美的景象在冷色的浸染下撩拨着我们的感官。整个空间的氛围优雅、丰富、高级、舒适。

艺术、优雅

艺术、高级

甜而不腻的浪漫情调

当静谧的高级灰与浪漫的樱花粉混合在一起时，原本典雅的空间中多了温柔的感觉。其中，高级灰自带的雅致能够很好地中和樱花粉的甜腻成分，而樱花粉又弱化了高级灰的疏离，整个空间演绎出甜而不腻、温婉又高雅的情调。

浪漫、可爱

浪漫、优雅

灵妙意趣的禅意之家

素雅的高级灰在空间中晕染开来，形成古色古香的灵妙意趣，在柔和的光影之中彰显着高雅与平和。纯粹、净洁的白色无声融入，如水中月、镜中花的缥缈，不夺目、不张扬，却令空间更显沉静。如果可以，再来一点朱砂红，原本万籁俱寂的空间，仿若出现一声鸟叫，打破了寂静。

禅意、舒适

禅意、清雅

禅意、古韵

禅意、悠远

4. 松露灰

比白色深，比黑色浅，比银色暗，这就是松露灰。不比黑和白的纯粹，也不似黑和白的单一，似混沌天地初开时最中间的灰；不和白色比纯洁，也不和黑色比空洞，自带的单纯、寂寞、空灵，就像捉摸不定的人心。此般色彩用在居室之中，简单而又具备力量感。

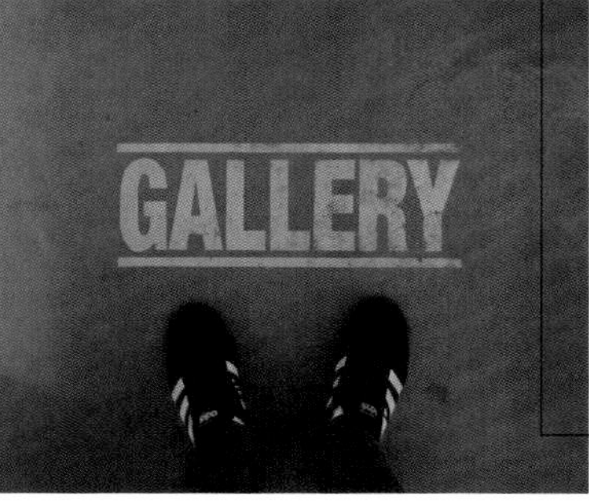

理智空间里的活跃氛围

松露灰的世界，在沉静理性的调性里，呈现出一段成熟与魅惑的色泽，沉积着时间的底蕴。跳跃其间的金盏花色，打破了原本沉寂的空间，让灵动的气息蔓延开来。松弛有度的配色之间，展现出动人心弦的美艳与风度。

理性、活跃

理性、生机

低调、沉静的尊贵空间

灰蓝色自带一种魔力，不鲜亮，也不张扬，却在沉稳和灵动之间达到了很好的平衡。当沉静的松露灰遇上了灰蓝色，可谓是双璧合力，呼吸之间都是尊贵气息，将空间装饰得端稳而雅致，从容地呈现出高贵的气韵。

沉静、雅致

十一、黑色

黑色基本上定义为没有任何可见光进入视觉范围，和白色相反；可以给人带来深沉、神秘、寂静、悲哀、压抑的感受。在文化意义层面，黑色是宇宙的底色，代表安宁，亦是一切的归宿。

黑色是明度最低的色彩，用在居室中，可以带来稳定、庄重的感觉。同时黑色非常百搭，可以容纳任何色彩，怎样搭配都非常协调。黑色常作为家具或地面主色，形成稳定的空间效果。但若空间的采光不足，则不建议在墙上大面积使用，容易使人感觉沉重、压抑。

若在空间中大面积使用黑色，一般用来营造具有冷峻感或艺术化的空间氛围，如男性空间或现代时尚风格的居室较为适用。

黑色常见色值

CMYK
C86 M79 Y73 K56

CMYK
C82 M74 Y66 K38

空间意向关键词与配色方案

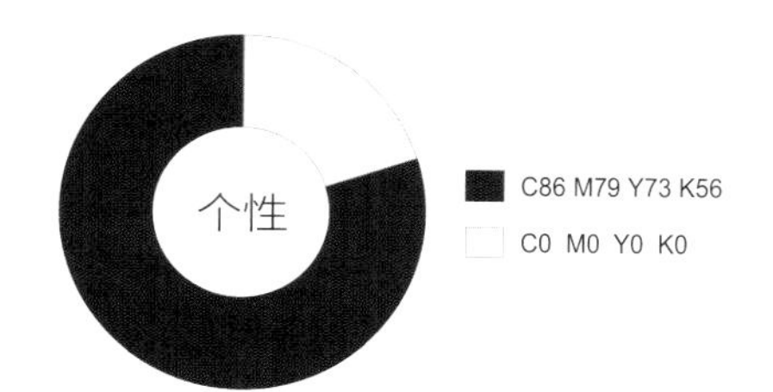

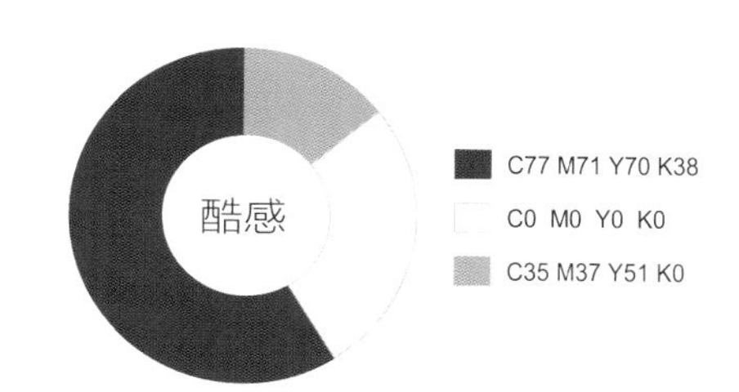

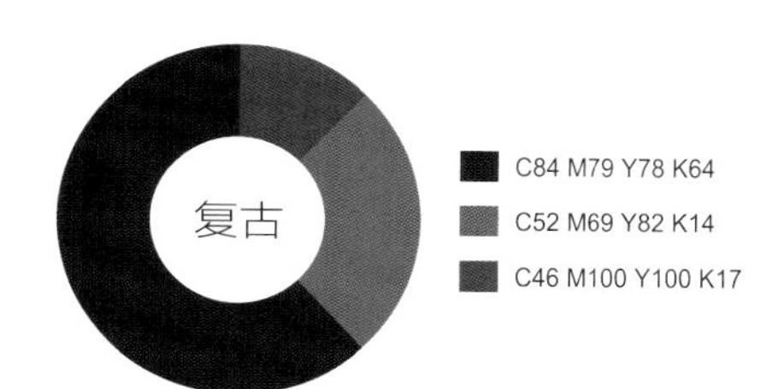

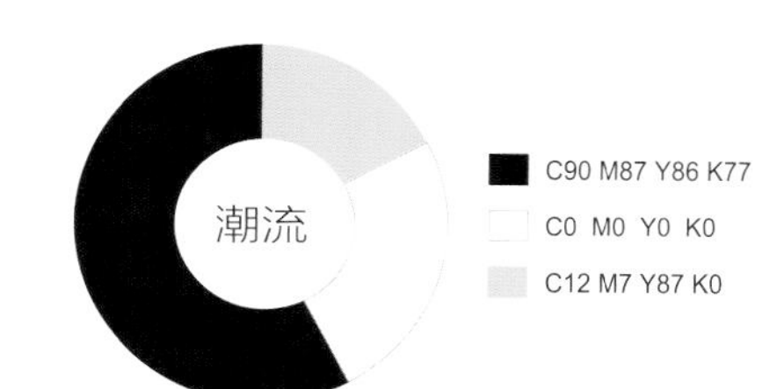

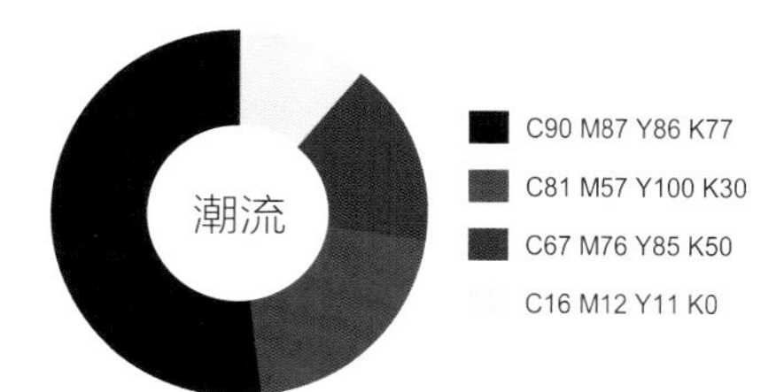

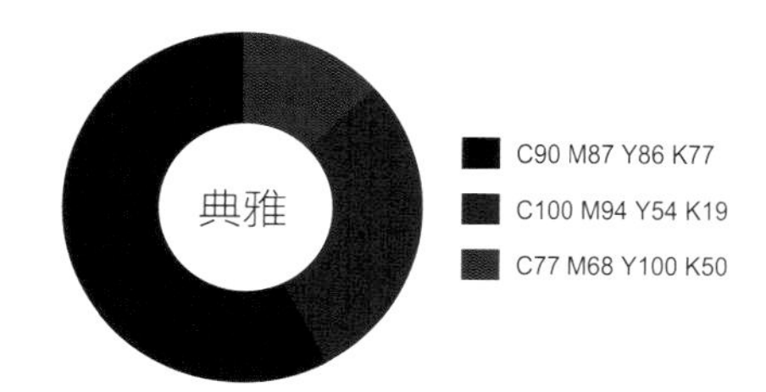

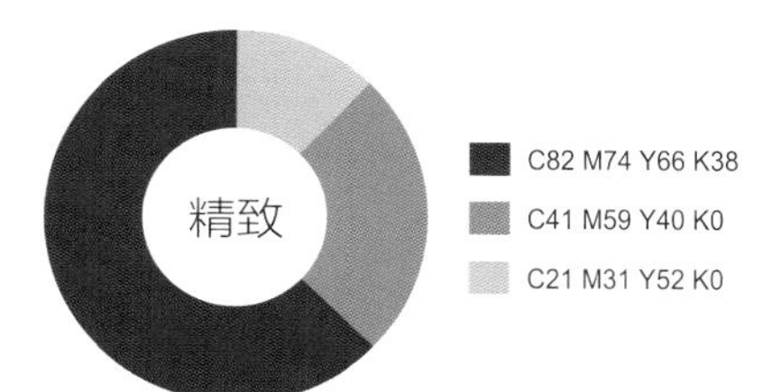

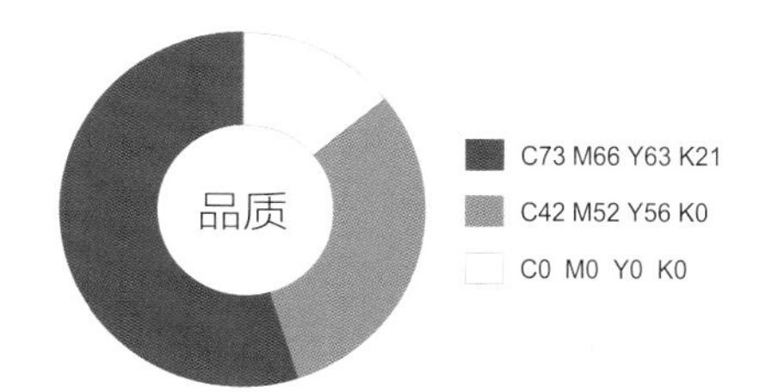

1. 魅影黑

克丽斯汀 · 迪奥先生曾说过：“无论什么时候，你都可以穿黑色；无论什么年龄，你都可以穿上黑色；无论在什么场合下，你都可以穿上你的黑色。”在家居之中，魅影黑同样也是不灭的经典，更是不退的潮流，无论是与冷色还是暖色搭配，都会带来令人惊艳的表现。

延续经典的个性之家

魅影黑与亮白色的组合，在时尚界是永远不会过时的搭配，复制到家居之中，也同样适用。高纯度的魅影黑表现出冷峻、神秘的一面，亮白色则缓解了大面积黑色带来的沉重感。两种色彩相辅相成，演绎出一幕经典佳话。

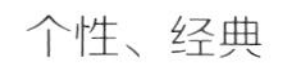

个性、经典

个性、利落

个性、艺术

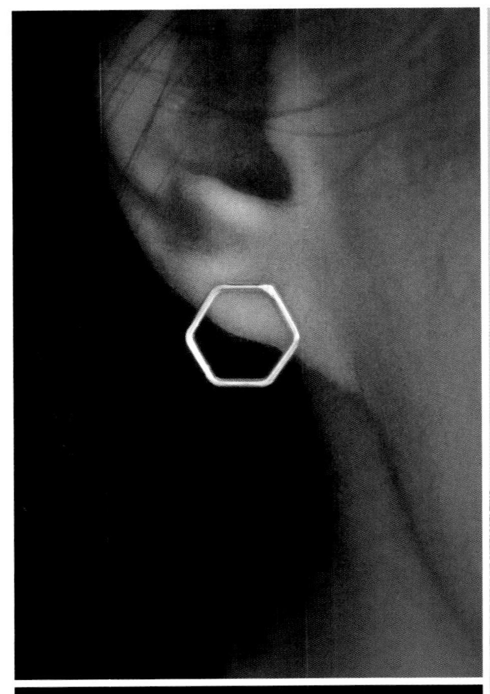

时代个性的潮流之家

无色系最大的功能在于可以整合整体空间印象，使空间色彩的意向表达得更加鲜明和强烈。当空间墙面采用亮白色与魅影黑色进行组合，即刻塑造出一个充满时代个性的空间，再利用金色进行线条上的勾勒，醒目而又尊贵，色彩的配合恰到好处。

潮流、轻奢

潮流、考究

潮流、现代

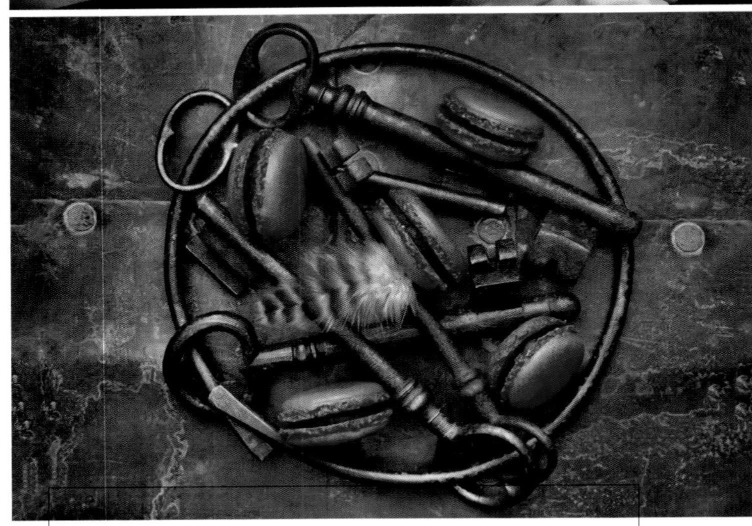

惊鸿一瞥的复古魅力

魅影黑的优雅低调，暖褐色的乖张质朴，酒红色的热情张扬，三种不同视觉感受的色彩融合在一起，形成了复古又内敛的配色效果。在搭配时，以魅影黑或暖褐色作为空间主色，可以奠定平稳的氛围，再加入酒红色辅助，增添热烈情绪。红色的使用无需过多，只需一点儿就足够惊艳。

复古、舒适

复古、艺术

复古、雅致

潮流态度的完美诠释

当深沉的魅影黑与活泼的亮黄色进行组合，碰撞出的氛围不会过于沉闷，也不会过于刺激。可以将魅影黑作为背景色，亮黄色进行辅助搭配，中和掉空间中沉闷、冰凉的视觉感受，只保留沉稳、时尚的情绪，带来一种潮流态度的完美诠释。

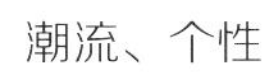

潮流、个性

潮流、时尚

潮流、品质

沉静、淡然风潮的涌动

魅影黑浓重而古典，它不仅连接着黑夜，也在梦和遐想中连接着神秘的宇宙，令人欲罢不能。这种色彩自带的厚重力量，往往会令家居空间显得过于严肃。不妨加点绿色和木色，掀起一股沉静而淡然的风潮。再利用灰色作为纽带，实现空间色彩的明度递减，加深空间的配色层次。

潮流、艺术

潮流、生机

潮流、冷峻

典雅、理性的贵族气息

高饱和度的宝蓝色鲜明又霸道，它不比薄荷蓝亲和，更不如孔雀蓝优雅，却自带贵族气质，任何场合都能成功抢镜。在空间中用魅影黑作底色，叠加宝蓝色作主色，可以营造出富有深度的空间氛围，极易凸显尊贵感。

理性、典雅

理性、尊贵

2. 石墨黑

华尔街的野心和奢华，与男人们油光铮亮的背头、异色领的衬衫、鲜艳的背带、各种口袋巾形成呼应，那些发灰的西装之下藏着的是欲望。如同石墨黑，带有灰度的色彩隐掉了明目张胆的欲望，反而深藏着一份呼之欲出的野心。这样看似低调、实则蕴藏极大能量的色调，可以成就家居环境高级又沉稳的调性。

独具魅力的精致家居

石墨黑并不只是男性西装颜色的专利，独立的现代女性也可以拥有野心与欲望，在世界的一隅独自盛放着骄傲。因此，当石墨黑出现在女性家居中时，不必觉得诧异，这种色彩与同样带有灰调的脏粉色结合，间或以金色点缀，增加精致感，体现当代女性自我个性的释放。

高级、精致

简单、雅致的品质之家

品质感的塑造离不开灰调色彩。不妨将带有灰调的石墨黑作为空间主色，营造出绅士、内敛的情调。再利用亮白色涂刷在吊顶之上，增加空间的上升视感。而地面色彩最适合运用暖褐色，可以塑造出平稳、温和的空间氛围。

简洁、品质

简洁、雅致

索 引

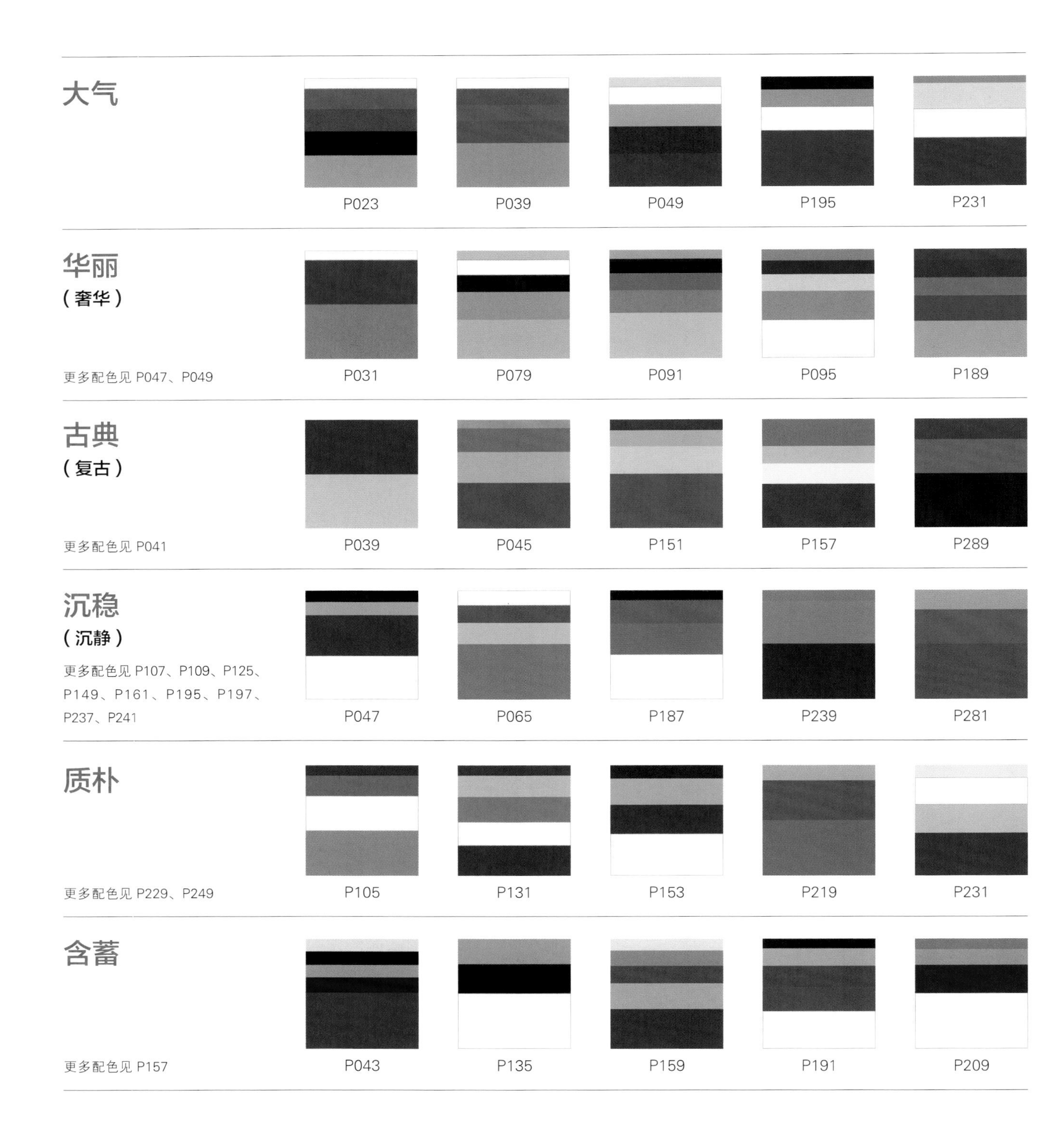

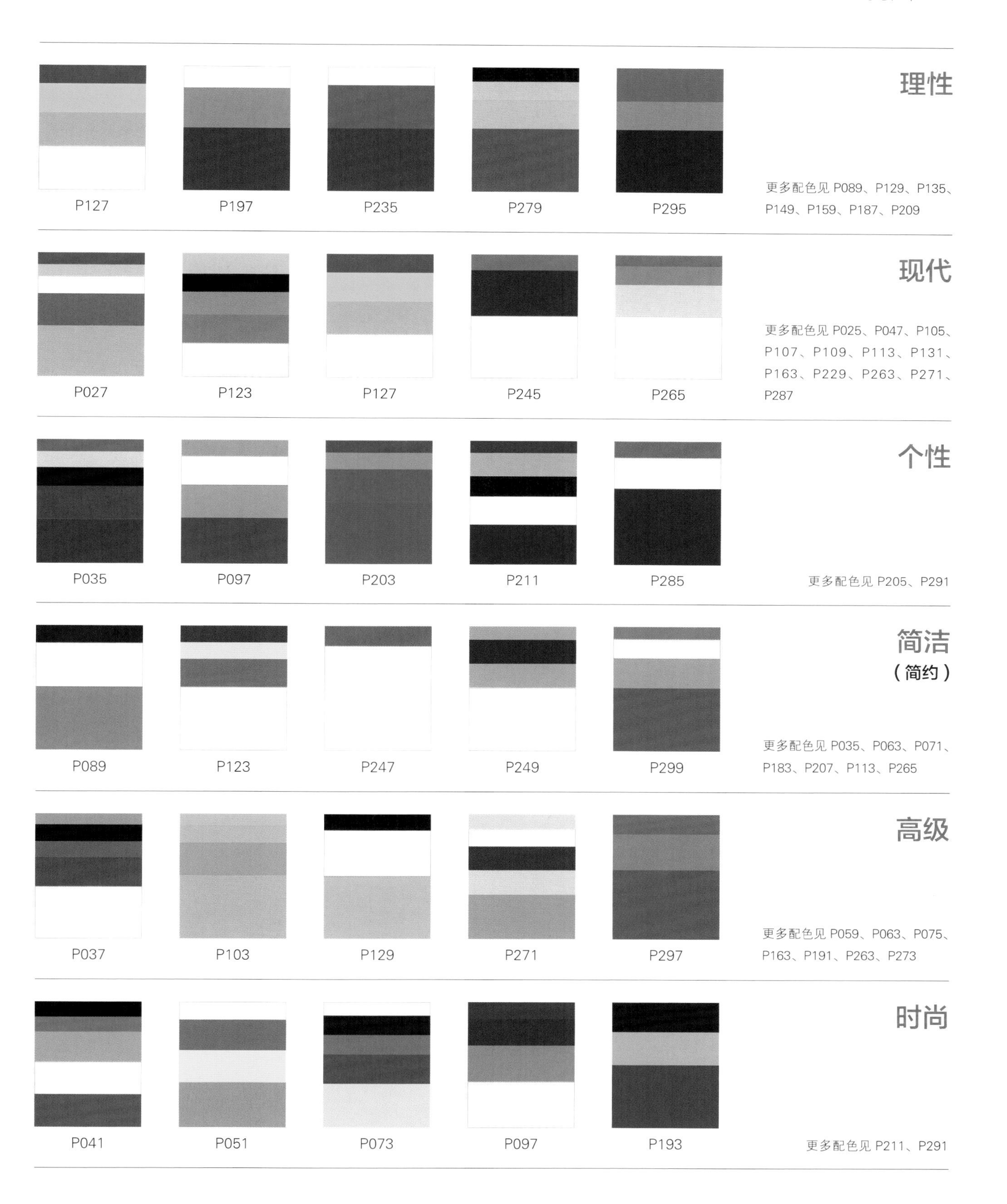
理性
P127
P197
P235
P279
P295
更多配色见 P089、P129、P135、P149、P159、P187、P209
现代
P027
P123
P127
P245
P265
更多配色见 P025、P047、P105、P107、P109、P113、P131、P163、P229、P263、P271、P287
个性
P035
P097
P203
P211
P285
更多配色见 P205、P291
简洁
（简约）
P089
P123
P247
P249
P299
更多配色见 P035、P063、P071、P183、P207、P113、P265
高级
P037
P103
P129
P271
P297
更多配色见 P059、P063、P075、P163、P191、P263、P273
时尚
P041
P051
P073
P097
P193
更多配色见 P211、P291

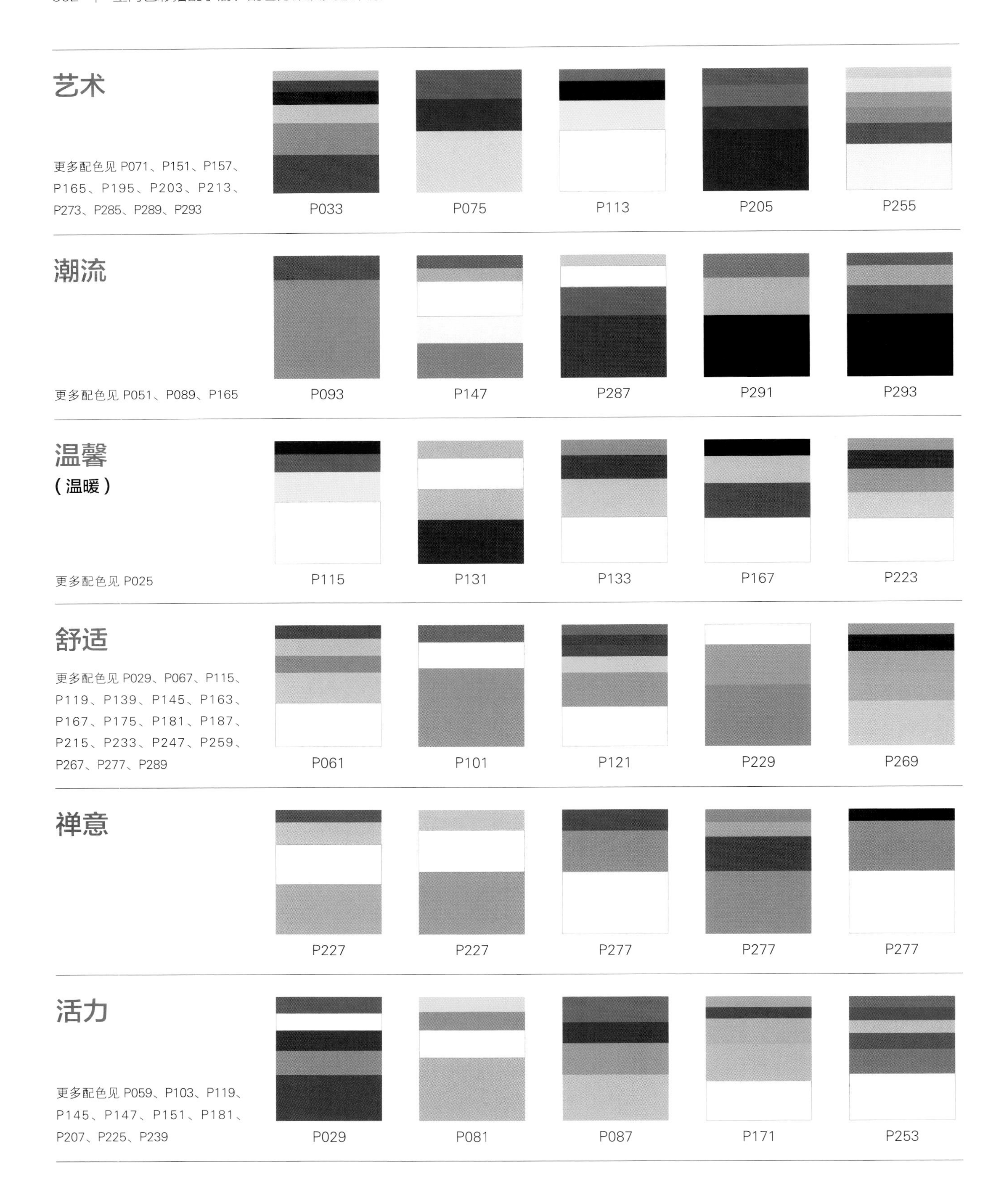
艺术
更多配色见 P071、P151、P157、P165、P195、P203、P213、P273、P285、P289、P293
P033
P075
P113
P205
P255
潮流
更多配色见 P051、P089、P165
P093
P147
P287
P291
P293
温馨
（温暖）
更多配色见 P025
P115
P131
P133
P167
P223
舒适
更多配色见 P029、P067、P115、P119、P139、P145、P163、P167、P175、P181、P187、P215、P233、P247、P259、P267、P277、P289
P061
P101
P121
P229
P269
禅意
P227
P227
P277
P277
P277
活力
更多配色见 P059、P103、P119、P145、P147、P151、P181、P207、P225、P239
P029
P081
P087
P171
P253

浪漫
P083
P201
P207
P213
P275
更多配色见 P079、P179、P217
童趣
（温暖）
P115
P143
P171
P177
P253
更多配色见 P081、P133、P223、P275
优雅
P059
P073
P175
P185
P215
更多配色见 P027、P079、P109、P173、P191、P201、P219、P251、P273、P275
轻奢
（精致）
P041
P107
P155
P217
P257
更多配色见 P025、P045、P059、P063、P091、P093、P095、P165、P207、P239、P287、P297
神秘
P193
P203
P203
P237
P237
梦幻
P055
P179
P181
P201
P255
更多配色见 P079

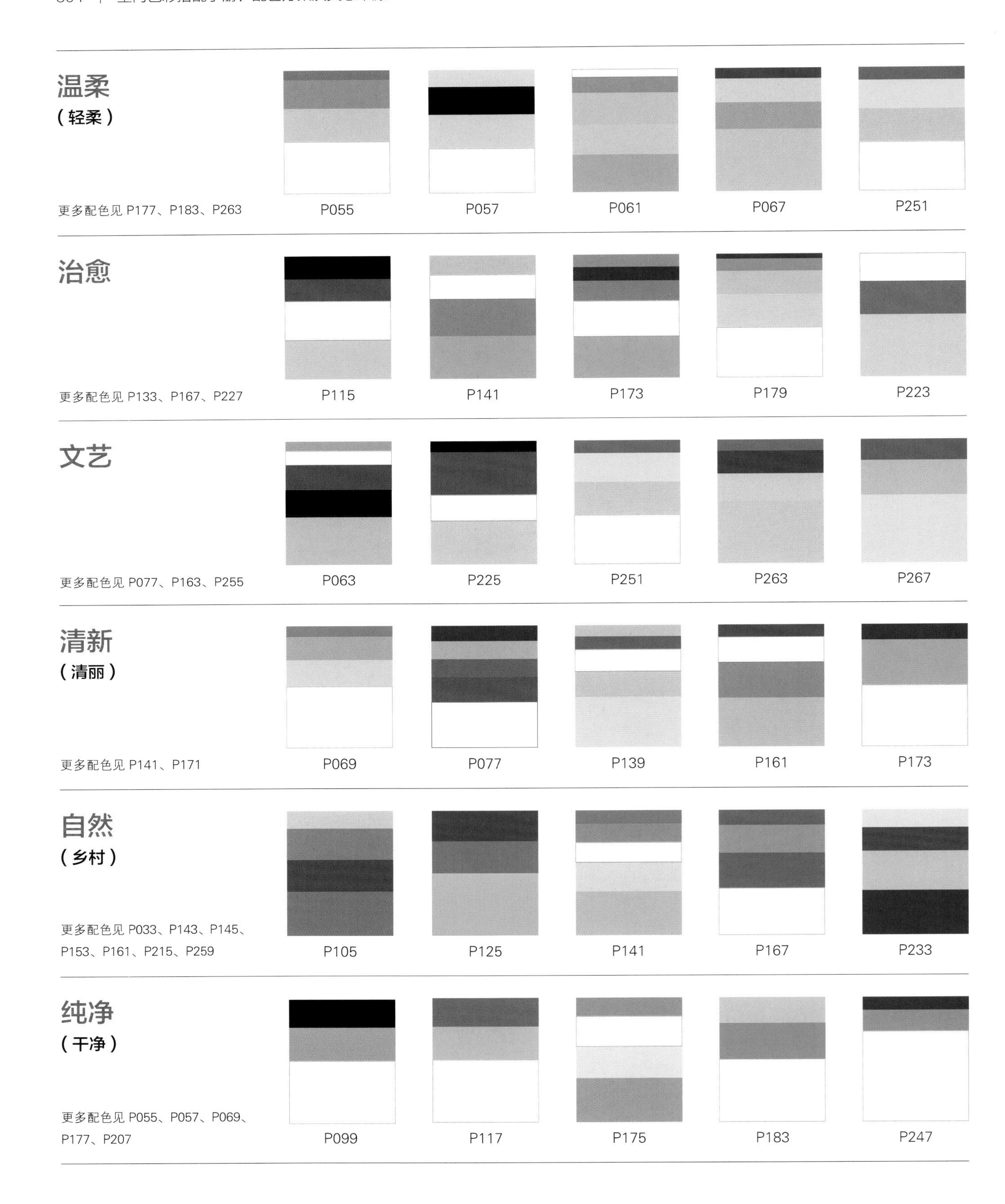
温柔
（轻柔）
更多配色见 P177、P183、P263
P055
P057
P061
P067
P251
治愈
更多配色见 P133、P167、P227
P115
P141
P173
P179
P223
文艺
更多配色见 P077、P163、P255
P063
P225
P251
P263
P267
清新
（清丽）
更多配色见 P141、P171
P069
P077
P139
P161
P173
自然
（乡村）
更多配色见 P033、P143、P145、P153、P161、P215、P259
P105
P125
P141
P167
P233
纯净
（干净）
更多配色见 P055、P057、P069、P177、P207
P099
P117
P175
P183
P247